U0240213

智能崛起

AI文明演化史

崛起

[美] 王兵◎著

The Rise
of
Artificial
Intelligence

人民邮电出版社
北京

图书在版编目（CIP）数据

智能崛起：AI 文明演化史 / (美) 王兵著. -- 北京：
人民邮电出版社, 2024. -- ISBN 978-7-115-64976-8

I. TP18

中国国家版本馆 CIP 数据核字第 20245S02G6 号

内 容 提 要

人工智能是科技、科幻领域经常涉及的热点话题，当通用人工智能呼之欲出，人类又将何去何从？本书通过多学科知识来帮助读者理解文明的发展历史，从宇宙、生命的诞生之初到如今的数字文明，探究半导体芯片、数字化、人工智能这些技术如何提高生产力。本书创造性地联结了不同领域的概念，并解释其中的相似性和必然性。全书共分为三篇：第一篇"人类文明简史"回顾了从宇宙诞生到人类智能的崛起，将人类文明划分为狩猎文明、农耕文明、工业文明、数字文明、宇宙文明五个部分；第二篇"数字文明简史"包括从计算机起源到通用人工智能，梳理了人工智能发展中的关键技术；第三篇"人类的未来"从不同学科的角度展望了人类文明的未来方向。

本书适合对人工智能、人类文明发展、未来科技趋势感兴趣和对探索人类未来和宇宙奥秘抱有热情的读者。

- ◆ 著　　　　　　[美]王　兵
  责任编辑　韩　松
  责任印制　陈　犇

- ◆ 人民邮电出版社出版发行　　北京市丰台区成寿寺路 11 号
  邮编　100164　　电子邮件　315@ptpress.com.cn
  网址　https://www.ptpress.com.cn
  三河市中晟雅豪印务有限公司印刷

- ◆ 开本：880×1230　1/32
  印张：10　　　　　　　　　　　2024 年 12 月第 1 版
  字数：250 千字　　　　　　　　2024 年 12 月河北第 1 次印刷
  著作权合同登记号　图字：01-2024-2018 号

  定价：69.80 元

读者服务热线：**(010)81055410**　印装质量热线：**(010)81055316**
反盗版热线：**(010)81055315**
广告经营许可证：京东市监广登字 20170147 号

推荐语

陈玮　东方富海董事长

本书帮助我们从物理、数学乃至人类学和历史观的大视角全面理解什么是 AI，深刻、通透且冷静地诠释了为什么 AI 已不单是一种技术、一个产业，而是一种生产力变革和人类文明进化的必然。除此以外，与解读智能之崛起同样精彩的，是作者无意中展现的作为一位科学家、创业者和投资人的思维框架和研究体系，以及纵横开阖、贯通古今的浪漫主义色彩。

硅谷王川　独立投资人

市面上大多 AI 图书或文章，要么聚焦于计算机科学的专业算法与应用，要么只提供表面化的信息或花边新闻。而本书通过融合物理学、数学和生物学的知识，为理解 AI 的发展提供了一个全新的宏观视角。这些跨学科的知识能显著提升个人对未来技术趋势的洞察力和决策能力。书中关于"对称性自发破缺"概念的介绍、对硅基与碳基智能区别对比的阐述，尤其值得 AI 领域从业者反复回味。

梅涛　智象未来创始人兼首席执行官，加拿大工程院外籍院士

本书以独特的视角带我们回顾了人类文明的发展历程，并探讨了 AI 技术如何塑造未来。作者凭着自身的科研经历、在 AI 产业的实践经验，以及投身投资领域的感悟，从数学和物理的全新视角透视人类智能和 AI 的发展逻辑。对于那些渴望理解 AI 如何改变世界的读者而言，这本书不容错过。

陆雄文　复旦大学管理学院院长

在人类漫长的进化过程中，AI 的孕育发展只是短短的一瞬间，但她所爆发的巨大潜能正在并将要改变人类包括生产生活、研究创造、文化艺术等领域中存在与发展的一切活动。AI 发展的缘由、基础和逻辑是每一个现代人必须学习的知识，因为 AI 是人类未来文明的参与者、助力者、共创者。本书提供了一个非常好的视角，无论是 AI 专业人士还是业余爱好者，都会深受启发。

张一甲　甲子光年创始人

本书纵贯古今、叩问未来，不仅跨学科融会贯通，而且"致广大而尽精微"，笔触鲜活生动，案例通俗易懂，有助于读者快速理解人类科技发展脉络。精妙的是，作者面对科技与文明的宏大议题和千变万化的演变现象，将"对称性"作为一个有力量的解释视角。数学专业出身的我对此颇觉惊喜又亲切。对称性，不仅是美学的基本原则，更是物理和数学的重要基本概念。在这个 AIGC 驱动互联网内容熵增、诸多科技蝶变引发社会分工阶段性失序的时代，以对称性为"尺"，构建负熵、抵达有序，也是我寻找未来科技变量趋势的一个重要思考维度。或许，你也可以将之作为从万变中寻找不变规律的人生法门。

叶强　中国科学技术大学管理学院执行院长

本书是一部融合了科技与人文的跨学科精彩之作，它将数学、物理、化学和社会学等领域的知识融为一体，探索了智能的本质，从多角度审视智能的起源及其对人类社会的影响。书中对智能的解释及从碳基智能到硅基智能的转变等内容，不仅可以拓宽读者的视野，也可为 AI 技术的应用提供支持。相信 AI 领域工作者和 AI 爱好者能从本书中获得启发性的思考。

陶大程　新加坡南洋理工大学杰出教授，澳大利亚科学院院士，欧洲科学院外籍院士

本书详尽地探讨了智能的演变过程，不仅为我们呈现了 AI 技术的历史沿革，更展望了其未来发展的可能性。本书对于那些希望在 AI 领域有所建树的研究人员和技术爱好者来说，是一本不可多得的好书。

序

本书的内容是通过介绍人类智能和人工智能（Artificial Intelligence，AI）的发展历史，以及通过数学与物理等基础学科来解释 AI 和人类智能的相同与不同之处。

但是，在一个更深的层次，这本书的核心是介绍一个认知世界的新框架。这个框架的基础是对称性。

著名的哲学家维特根斯坦说过："语言的边界即世界的边界。"

这句话在哲学史上有非常重要的意义。但这句话的局限性在于，语言作为人类表达情感、说明思想、传播知识的载体，虽然极其重要，但是并不能描述世界上所有的变化。

维特根斯坦也知道语言的局限性，所以他也说过："凡是可说的，都可以说清楚；凡是不可说的，我们必须保持沉默。"

那么从科学的角度来看，世界究竟是什么呢？

世界是一切对称性变化的总和。

对称性变化即世界。

现代物理学的基础就是对称性。比如，李政道和杨振宁在 1956 年提出了宇称不守恒，即物质和反物质在某些条件下并不对称。后来，美籍华人女科学家吴健雄通过钴 −60 的低温实验证明了弱相互作用中宇称不守恒。

物理学中的几乎所有重要的概念和理论都与对称性的变化有关。

首先空间和时间都是由对称性破缺形成的。时间之矢是由熵增导致的。而熵增，本质上也是一种对称性的变化。

能量是物理学中一个非常基础的概念。能量往往是跟熵增联系起来的，而熵增是一个系统混乱度的增加。比如，我们使用的太阳光的能量来自太阳的核聚变反应。在这个过程中，太阳的混乱度增加了，但释放出了大量的能量。

对称性跟熵增的关系是什么呢？一个系统的对称性越好，它的熵越大。当对称性被打破时，物体变得更加有序，也就是出现了负熵。

所以能量代表正熵，对称性减少代表负熵。生命就是一个典型的负熵系统。而智能是负熵的一种表现形式。

能量守恒定律其实说明了在一个封闭系统里面，如果一部分物体的对称性减少了，就必然有另一部分物体的对称性会增加。

"内卷"的本质就是能量守恒。所以要打破"内卷"，就必须建立一个开放系统。

而我们常说的生产力的本质就是获得负熵的能力。所以生产力的核心要素是正熵和负熵，负熵是我们要的结果，正熵是我们为了获取负熵而必须消耗掉的能量。

质量是另一个重要的物理学概念。目前科学界对质量的解释是希格斯场带来的对称性破缺。通俗地说，当能量的分布被约束在一个很小的空间里的时候，质量就产生了。所以质量的本质就是被空间约束的能量，本质上是一种空间的对称性破缺。

质量有两个重要的作用。一是产生引力，有了引力，宇宙中的天体才能形成并稳定地运动，我们才能看到一个有规律的世界。二是带来了惯性，使物体加速变得困难，所以有质量的粒子的运动速度受到了限制。

质量非常重要，人类身体的所有变化可以理解为组成我们身体的所有原子之间的电磁场的变化。如果组成原子的粒子没有质量，它们会很快加速，无法被这些电磁场约束，我们的身体也会瞬间分崩离析。

宇宙设计的很多奥秘藏在了电子轨道的设计里面。不同类型的电子轨道对应着不同的对称性，而不同元素的差异主要来自电子轨道的设计。

在元素周期表里面，有一类特定的元素叫半导体元素。半导体的导电性介于导体和绝缘体之间。为什么半导体如此重要？因为智能的本质是计算（物理学上的对称性破缺等效于数学上的一系列计算），而半导体是最好的计算载体。由于半导体得到电子和失去电子一样容易，它们很适合用来做开关，而开关是计算的基础。但是碳基智能和硅基智能组成开关的方式不同。碳基智能是通过生物化学反应实现计算，底层的开关机制是原子间电子轨道的变化，而这种电子轨道的变化对应了有质量的粒子的位移。而硅基智能是通过电子（电子有非常小的质量，这里可以忽略）和光子的移动来实现计算，没有牵涉到任何大质量粒子的位移。

这时候质量就是决定碳基智能和硅基智能差异的一个重要因素了。由于碳基计算需要物质的移动和变化，它的计算速度和效率是相对有限的。而硅基智能由于仅仅需要电子和光子的移动，可以做到极高的计算速度和极大的存储容量。

碳基智能和硅基智能的另一个重要差别来源于我们无法完全理解和控制人类的思考过程。而硅基智能是我们创造出来的，它是永生的，可以低成本无限复制，可以很容易地把多个智能体组成更大的系统，而且硅基智能计算能力的提升速度远高于碳基智能，所以它是一种更好的智能载体。

在地球上出现了生物之后，生物为了生存必须获取能量，此后便开始了漫长的进化过程，其本质是抢夺太阳光带给地球的能量。进化的本质是一种非线性优化算法，数学上叫基因算法。由于基因通过控制蛋白质结构决定了生物的构造，进化过程的本质是找到最适合地球生存的生物的基因，也就是"生命的代码"。随着时间的推移，生物进化出了眼睛、骨骼和脊椎，以及恒温系统，可以看得更远，跑得更快，并能适应不同的气候条件。

人类能从所有生物中脱颖而出，本质上有两个重要的原因。第一个原因是独立行走让人类解放了双手，可以开始使用工具。而我们知道金属的硬度远远大于碳基生物的硬度，一旦人类可以使用金属武器就不再害怕最凶猛的野兽。第二个原因是语言的诞生。语言的诞生让人类真正拥有了智能，可以建立分工和合作机制，也促进了科学和艺术的发展。

本书中我们把人类生产力的发展分成了五个阶段：狩猎文明、农耕文明、工业文明、数字文明和宇宙文明。这五个阶段都是围绕生产力的两个核心要素来发展的：能源和负熵。人类发展 AI 的终极目的，是要把更强大的负熵能力带到广阔的宇宙中。从宇宙的尺度上看，今天人类已经达到的生产力水平是微不足道的，未来发展的空间巨大，所以完全不需要"内卷"。

AI 的发展历史则要短得多，到现在也不到一百年时间。AI 的三大要素——算力、算法、数据，都是最近几十年发展出来的。人类的智能是基于逻辑和直觉两个系统，也就是我们说的慢系统和快系统。AI 对人类智能的模拟是从慢系统开始，又通过神经网络和深度学习来模拟快系统，最终实现通用人工智能（AGI）需要做到慢系统和快系统的结合。最近 OpenAI 推出的草莓大模型就是这一机制。

那么数学跟这一切的关系是什么呢？大部分的数学分支学科都是在研究某种对称性的基本原理。比如线性代数本质上是研究高维空间的对称性，微积分本质上是研究变化速度的对称性（非线性），概率论本质上是研究选择或可能性的对称性（量子力学中的不确定性）。而研究 AI 最重要的三门数学分支学科就是线性代数、微积分和概率论，这并不是一个巧合。

那么对称性跟我们各行各业的关系是什么呢？本质上每一个行业的底层规律都是大量复杂对称性的组合。要了解一个行业的基本规律，我们要找出这个行业最重要的一些对称性，研究这些对称性变化的机制并进行数学建模，最终就可以进行预测和分析。这部分的内容会是未来很多本书的主题。

本书由三篇组成。第一篇介绍人类进化的历史和人类文明发展的历史。第二篇介绍 AI 的发展历史，以及对 AI 的发展至关重要的半导体芯片、互联网、AI 超算等的发展历史。第三篇通过数学、物理和对称性的关系，解释如何理解碳基智能和硅基智能的异同，以及说明 AI 是人类未来文明发展的不可缺少的一部分。为了做到逻辑的完整性，本书包含了一些基础知识，如果你对这些基础知识足够了解的话完全可以跳过。由于篇幅有限，这些知识点很多都是点到为止。如果你想深入地了解这些知识点，可以阅读本书结尾列出的参考文献。

当你看完本书的时候，可以回到这里再一次阅读这段文字。我相信，你会对这本书的内容有更深层次的理解。

由于作者水平有限，时间仓促，本书难免存在缺漏，希望读者批评指正。

王兵

2024 年 9 月

目录

第 三 章　人类智能的崛起

第 四 章　生产力和熵增

第 五 章　狩猎文明

第 十三 章　大模型

第三篇　人类的未来

第 十四 章　宇宙的奥秘源自对称性破缺

第 十五 章　智能的数学解释

第 十六 章　**从碳基智能到硅基智能**

第 十七 章　**宇宙文明**

引言

从《滕王阁序》看智能的发展

　　人类的智能有很多高光时刻，在笔者看来，当年唐代文学家王勃在宴会上写出《滕王阁序》的场景，无疑是人类智能最灿烂夺目的时刻之一。

　　滕王阁（图 0.1），江南三大名楼（另两个是岳阳楼和黄鹤楼）之一，在今江西省南昌市赣江滨，始建于唐永徽四年（公元 653 年），因滕王李元婴得名。

图 0.1　AI 创作的滕王阁风景图片（来自文心一言）

王勃在前往交趾（今越南境内）探望其父亲的旅程中，经过洪州时，恰逢滕王阁完成重建并举行竣工宴会。作为东道主的洪州都督热情地招待各位宾客，并有意让他的女婿孟学士在众人面前展示才华，因此事先嘱咐孟学士准备好一篇序文。在宴会上，都督询问是否有人愿意为这座古阁的重建撰写一篇序文。在场的宾客自然都是非常识趣的人，他们明白都督的意图，因此都倾向于将这个机会留给都督的女婿。然而，王勃此时突然出现，并与孟学士展开了文才的较量。

顷刻间，场面变得异常热闹。王勃才华横溢，一气呵成地完成了他的文章《滕王阁序》，令在场的众人感到非常惊讶，并连连赞叹。洪州都督原本因王勃的突然介入而感到愤怒，但当他看到王勃的文章时，态度发生了翻天覆地的变化，他忍不住拍案而起，对王勃的才华表示高度赞赏。

随后，这位都督顾不得体面，从内房中走出，紧握着王勃的手表达了对他的高度赞扬和敬意。他重新摆宴，与王勃畅谈，并挽留他在府中逗留数日。在王勃离开时，都督还送了他许多礼物。

在这篇文章中，我们不仅能欣赏到"落霞与孤鹜齐飞，秋水共长天一色"等绝妙文句，还得以窥见中国语言宝库中的 20 多个成语，如高朋满座、水天一色、渔舟唱晚等。滕王阁因这篇文章而名扬四海，王勃的名字也因此永久地与滕王阁联系在了一起。

这篇文章奠定了王勃在中国文学史上的卓越地位，而他当时却对此一无所知。

《滕王阁序》与智能的关系究竟是什么呢？在《滕王阁序》中，王勃用几百字描述了非常复杂的信息，而在今天，如果要完整地表达这些信息，则可能要拍一部电视剧，甚至还要拍个几十集。这么大信息量的东西，王勃把它用几百字描述了出来，并且极其完整而生动；而过了几百年，当我们读这篇文章时，我们的大脑里会浮现出这些文字描述的画面和声音。若用信息处理领域的行话来打比方，则当王勃写作这篇文章时，他就是一个效率极高的信息编码器，而我们在阅读这篇文章时就是高效的信息解码器。

1. 人类的智能

人类的智能本质上是一种信息处理能力。信息处理能力可以简单地细分为两个，一个是编码，另一个是解码。编码是对数据中的重要信息进行压缩的过程，而解码是把这些信息从压缩的数据中恢复的过程。常见的 JPEG 文件格式 [由联合图像专家组（JPEG）开发] 就是一种图像的编解码格式，如图 0.2 所示。

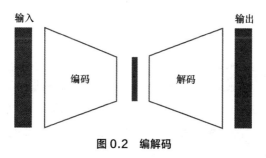

图 0.2　编解码

对复杂信息进行高效编解码的过程，就是人类智能的最好体现。所以从最底层（也就是从信息处理的角度）来讲，人类智能最主要的功能就是编解码。我们理解自己和其他人言行的过程，从本质上来讲，是大脑对不同数据格式的信息进行处理和翻译的过程，如此，我们就能理解为什么语言是通用人工智能（Artificial General Intelligence，AGI）最基础的机制。

那么，人类的智能是如何进化出来的呢？我们生活在一个广袤无垠的宇宙之中，而在宇宙的广阔范围内，地球或许是一个极为稀有和独特的地方。为何如此说呢？

这是因为地球与太阳的距离恰到好处。如果地球与太阳的距离相较现在变化仅仅 1%，那么人类可能就不会存在了。这是因为人体以碳元素为结构基础，而碳原子的电子轨道有一个特殊的能级，它决定了人体只能在 37℃左右稳定工作。如果温度超过 40℃或低于 33℃，人类就有生命危险。

因此，只有在地球这个完美的地方，人类和大部分生物才得以生存。

那么在地球上，智能是怎么进化出来的？某种生物要生存，就需要找到食物，同时要避免成为别的生物的食物。英伟达创始人黄仁勋说："Remember, either you are running for food, or you are running from becoming food. And often times, you can't tell which. Either way, run." 这段话的意思是，我们作为一个生命，在地球上，要么去捕捉食物（图 0.3），要么变成食物，不管怎样，都要不停奔跑。

图 0.3　AI 创作的在月光下捕猎的野狼图片（来自文心一言）

一般来说，所有哺乳动物首先要具备移动能力，然后要具备寻找食物的能力，才可以生存下去。最初，它们可能通过分辨环境中的某种化学成分来确定食物的位置，进而向食物方向移动。在不断进化中，它们逐渐具备了眼睛，能够更好地感知环境；进化出的脊椎让身体支撑能力提升，使得它们能够快速移动；进化出的空间感知智能，使得它们能够感知并记住曾经到过的地点，这样可以再次回到曾经发现食物的地方。这些进化逐步促成了原始的猿的出现，并最终促成了早期人类的诞生。

早期人类的第一个重要进化是直立行走，这使他们的双手解放出来，可以使用工具，从而大大提升了生存能力。第二个重要进化是语言，虽然其他动物也能发出叫声，但这种叫声能表达的含义相对有限，而我们的祖先则大约在 7 万年前就发展出了现代语言。

那么，现代语言具备哪些功能呢？我们知道，大部分动物发出的声音和人类早期的语言主要用于描述当前的状态，而现代语言的核心特性是与人脑中对记忆有重要作用的结构——海马紧密相关的。这个特性使我们能够描述过去或未来的事件。这极为重要，因为智能的核心，可以说是对时间和空间的理解，尤其是对时间的理解。

低等生物没有记忆能力，无法记得昨天或前天发生了什么。而通过进化，人类逐渐具备了记忆能力，这不仅增强了我们的学习和创新能力，使我们能够更好地规划未来、理解历史和文化，并从中汲取经验，而且让我们能够更好地理解和分享彼此的经验与知识，从而促进了社会的发展和进步。

当我们能够理解并表达复杂的观点时，我们就可以开始思考更深层次的问题，开始意识到自己存在的意义，以及自己在这个世界中扮演的角色。我们开始思考人类的智慧是如何产生的，人类社会是如何形成的，以及政治、经济、文化等各种复杂系统是如何运转的。我们开始探究各种问题的根源，尝试从不同的角度看待事物，并努力理解他人的观点。我们开始意识到自己的局限性，并努力拓展自己的思维和视野。

在这个过程中，我们发现语言是表达自己思想的重要工具。通过语言，我们可以把复杂的观点和情感传达给他人，并获得他人的理解和认同。同时，语言能够帮助我们更好地理解自己和他人，让我们认清自己在这个世界中的位置。

因此，智能的核心在于记忆、逻辑推理和语言表达能力。只有具备这些能力，我们才能真正地理解自己和世界，才能在这个充满变化和挑战的世界中立足并取得成功。

2. AI

AI 发展的速度要比人类智能快很多。从地球上出现蛋白质到出现人类智能经过了 30 多亿年，而从第一个晶体管出现到 AI 接近人类智能水平只用了 70 多年的时间。

在第二次世界大战期间，为了处理大量的计算需求，计算机被发明出来。此后，科学家就开始研究如何让计算机像人一样思考。人类能做的很多事情，如下围棋，计算机能做吗？

AI 这个概念其实在 20 世纪 50 年代就有了，但是在 20 世纪 80 年代以前，大家主要的研究领域是专家系统，也就是制定一些规则，根据这些规则使用一种推理的方法得出结果。最后人们发现专家系统非常难用。为什么非常难用？因为规则是死的。

人脑其实有两个思维决策系统，一个是快系统，另一个是慢系统。这两个系统是生物在进化过程中慢慢形成的。快系统是直觉系统。直觉是什么？举个例子，当某人进入一个房间，看到熟人马上就能认出来，这个过程不用思考，这就是快系统对应的一种直觉能力，是人和动物都有的一种能力。而慢系统对应的是逻辑推理能力。例如，下棋的时候，我们能够一步一步推演，这需要我们主动去思考，这个逻辑系统就是慢系统。

在处理许多任务时，快系统和慢系统实际上是相互协作的。而在早期计算机中，专家系统只能部分模拟人脑的慢系统。举个例子，对于那些我们充分了解规则的任务，我们可以通过编写计算机程序来处理。然而，早期的计算机很难模拟人脑的快系统，如图像识别，我们看到一只猫就能识别出它是猫，看到一只狗就能识别出它是狗，这是人类非常基本的能力，但是对于计算机来说识别猫狗这类的事情却很难做到。因此，AI 在 20 世纪 80 年代之前一直停滞不前。

此后，人们开始探索新路，研究人脑的结构，并尝试用一个数学模型来模拟人脑，从而达到人类的思维方式，所以神经网络就被提出来了。

大约在 20 世纪 90 年代，笔者攻读博士学位的时候使用神经网络做过非线性方程求解，但那时用神经网络很难做出实用的结果。因为当时的算法模型相对简单，无法模拟复杂的相关性，而且当时计算机的计算能力很低。今天任何一个人使用的智能手机，在 20 世纪 90 年代都相当于一台超级计算机，虽然可能比不上国家级的超级计算机，但至少可以赶得上一所大学最快的计算机。此外，当时数据非常少，人们能收集几万张照片就算很厉害了，但是今天，通过互联网我们可以收集十几亿张照片甚至视频。这两个数据的数量级相差是非常大的，所以当时神经网络发展不起来。

现在这一波 AI 的浪潮大概开始于 10 年前。当时有一个公司，叫英伟达，在 20 世纪 90 年代它的主营业务是图形显卡（英伟达第一款成功的显卡是 RIVA 128，它只能进行一些基本的 3D 图形计算，见图 0.4），但是大概在 2006 年的时候，它推出了一个通用的并行计算平台 CUDA，因为进行 3D 图形计算本质上就是进行大规模的并行计算。

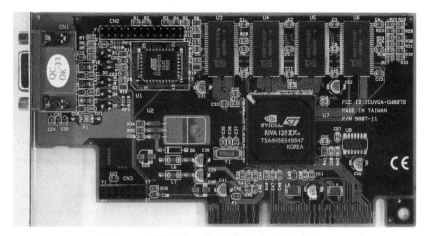

图 0.4　英伟达第一款成功的显卡 RIVA 128

如果对 3D 图形架构再进行标准化，就可以进行神经网络的计算。英伟达推出这个架构以后，免费赠送了很多显卡给科研机构和大学，之后就有很多研究神经网络的专家发现，使用图形处理单元（Graphics Processing Unit,GPU）来计算神经网络的速度是中央处理器（Central Processing Unit，CPU）的 100 倍左右，这是一个计算能力的巨大提升。当然，根据摩尔定律，半导体技术也在不断发展，第一步的计算能力问题就基本解决了。

第二步要解决数据的问题。20 世纪 90 年代互联网的出现与发展，使得数据的众包成为了可能。一个人可能只能收集几万张照片，但是通过互联网，我们可以让全世界的兼职人员做这件事，从而很容易收集到几千万甚至几亿张的照片。

第三步是很多算法的改进，包括卷积神经网络、Transformer 等，它们比传统的神经网络计算效率更高，效果更好，且可以完成超大规模网络的训练。例如：卷积神经网络处理图形类的任务非常高效，它帮助人类解决了人脸识别和下围棋等任务中的问题；而 Transformer 则解决了人类发展 AGI 过程中遇到的问题。

这几个问题解决以后，大概从 10 年前开始，AI 得以发展，而包括人脸识别在内的几乎所有视觉识别的任务基本上都能很好地完成了。其中的一个标志性事件就是 AlphaGo——一个下围棋的 AI 程序。如今 AlPhaZero 以 100∶0 击溃了上一代 AlphaGo，如图 0.5 所示。

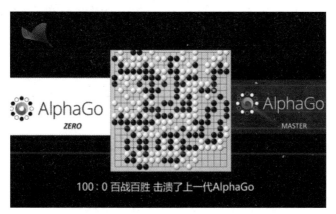

图 0.5　AlphaZero 以 100∶0 击溃了上一代 AlphaGo

为什么这是一个标志性的事件呢？因为我们认为围棋技艺是人类智能的一种最顶级的表现，但是 AlphaGo 很快超过了所有的人类高手。

它是怎么做到的？其实就是基于逻辑和直觉结合的原理。我们在下围棋的时候，不可能全部用逻辑推理，因为围棋按照落子的顺序排列组合的变化数实在太多了，这个数量超过了可观测宇宙中原子的数量，不管是人类还是 AI 都无法计算所有的可能性。

围棋高手们通过大量地跟其他高手下棋，慢慢就达到了很高的水平。换句话说，围棋高手建立了一种很强的围棋直觉，可以对复杂局势快速做出判断。其实直觉是一种基于相关性的推断，而逻辑是基于因果性的推理。例如，一位医生做了几十年手术，专业水平特别高，但是他可能总结不出来具体的手术经验，因为很多时候他的手术经验只是一种感觉。

像下围棋这样的事情，人类做得很慢，要一个棋子一个棋子地挪动，也需要思考的时间，下一盘棋可能要花费几小时。但是 AlphaGo 可能几毫秒就下完一盘棋。

所以装在一台计算能力不是很高的超级计算机上的 AlphaGo，在大概一个月的时间内就自己和自己下了几千万盘棋，也就是说，它在一个月的时间内获得了人类所有的围棋选手加起来都没有获得过的下围棋经验。其实，通过 AlphaGo，我们才发现人类对围棋的理解是非常浅薄的。

人类在 AI 研究上取得的突破实际上是由于对人脑的结构进行了研究，知道了人是怎么思考的，进而知道了怎么去实现 AI。人脑的结构非常简单，每一个神经元的内在结构几乎都一样，人脑中大约 1000 亿个这样的神经元互相连接在一起，就形成了一个非常复杂的时空网络。每个神经元只干一件事情，就是接收从几百到几千个其他神经元输出的信号并对其进行处理。这些信号形成了一个个向量，而实际上所有这些信号在数学上都可以表示为一个向量。图 0.6 所示为神经元和人类以此为启发研发的感知机。

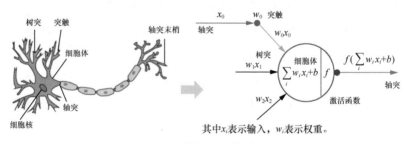

图 0.6　神经元和感知机

无论什么类型的直觉，本质上都是相似度的一种度量。我们利用经验去理解一些复杂关系的时候就是在学习一个非线性映射，首先通过大量的数据来学习相应的非线性函数，然后神经元之间的连接系数发生变化，用大量的神经元组合就可以模拟出这个非线性函数。非线性函数可以简单地理解为，无数个相似性的度量再加上简单非线性变换。

理解了神经元的机制之后，我们就很容易理解为什么 AI 在很多专用任务上会比人类更高效。因为它有几乎无限的存储容量和超强的计算能力，而且可以使用比人类能使用的大得多的数据集，就像下围棋，人一辈子能下几万盘棋，其经验来自于这几万盘棋的数据，但是一台超级计算机可以很快地完成对几亿盘棋的数据的学习和处理，所以 AI 之所以能用在单一的任务上，得益于超级计算机更大的存储容量、更大的数据集、更强的计算能力，它在单个任务的处理能力上远远超过人类。

但是这只解决了专用神经网络的应用问题，还有一些问题未解决，如下围棋的程序无法识别人脸，而人类本质上是一个通用的处理系统，人脑经过训练就可以完成各种任务。所以我们要找到一种结构，能够解决几乎所有的问题。

3. AGI

这个结构需要有一个承载体。最终我们发现承载体就是语言，因为语言几乎可以描述所有的逻辑。语言并不只是人类语言，也可以是数学语言、图形语言、声音语言。在任何一种数据类型上都可以有语言。如果有一个模型可以把这些语言都学习到，则可以说它实现了 AGI。这个模型大概在 2017 年就被发明出来了，它就是 Transformer。

Transformer 最早用来解决语言的翻译问题，如中文翻译成英文、英文翻译成中文，如今如谷歌翻译一类的机器翻译已经做得非常好了，比大部分人的翻译水平更高，因为它的数据集比人类学习到的大，网络规模也很大。Transformer 的基本结构就是一个编码器和一个解码器。这就回到了我们最开始讲的，人类智能最核心的能力就是编码和解码。Transformer 作为翻译工具时编码器和解码器的工作原理如图 0.7 所示。

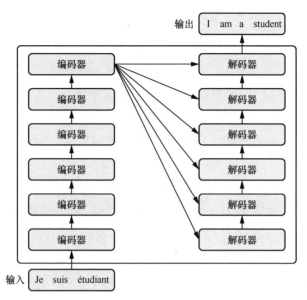

图 0.7　Transformer 作为翻译工具时编码器和解码器的工作原理

从本质上来说，编码和解码是信息压缩和恢复的过程，为什么它们能解决语言翻译的问题呢？

我们在表达一个意思的时候，可能会用中文，也可能会用英文，尽管从表面上看用中文和用英文有巨大的差别，例如：中文是表意文字，英文是拼音文字；两者文法也完全不一样，有的副词放在前面，有的副词放在后面。但是这些不同语言的语句在一个更高维度上是存在一致性的，例如，表达同一个意思时，一定会有几个不同类型的词存在，而且这几个词出现的前后位置也是有一定规律的。研究这些规律的时候，我们就会发现其实存在一种所谓的通用语言，它可以映射到任何一种我们现在所用的语言上，所以翻译的过程其实是先把中文翻译成这种通用语言，再把通用语言翻译成英文。这个过程用 Transformer 就很容易做到。

为什么 Transformer 能做到这一点呢？简单理解，它就是一个能够在更大的尺度上寻找相关性的算法。理解语言为什么需要在很大的尺度上寻找相关性呢？举个例子，我们看一本书的时候，要记住前面一些页的内容，才能理解当前页的文字，这就是相关性的范围。关注的历史越长，人们的理解能力就越强。

这样我们就能理解 Transformer 为什么能做翻译工作了。但是只会做翻译，并没有解决 AGI 的问题，因为 AGI 不只是翻译工具，还要有能力用语言描述或者回答问题。

2015 年，出于对谷歌垄断 AI 的担忧，包括埃隆·马斯克、萨姆·奥尔特曼在内的几个硅谷顶级投资人和创业者创立了 OpenAI。OpenAI 刚成立的时候是没有任何商业指标的，其目标就是寻找一些顶级的 AI 专家，让他们研究 AI 究竟能做到什么程度。

刚刚讲到 Transformer 里面有编码器和解码器，解码器实际上是用来做语言的预测的，可以理解为给它输入一段文字，它就会预测后面的文字是什么。想到利用解码器的这个功能的，是 OpenAI 当时的首席科学家伊利亚·苏茨克维尔，他认为这可能和智能有巨大的关系。

假设有一本几百页的侦探小说，前面的大部分内容在讲这个案件发生的过程，此后侦探去访问每一个人，并在最后一页揭秘这个案件的真凶。我们可以把前面的几百页内容都输入一个大模型，让它去预测最后的真凶。如果这个大模型能把真凶准确预测出来，则能证明什么呢？首先，它能够理解小说里描述的所有事件；其次，它具备推理能力，能够把真凶推理出来。换句话说，如果把这个模型的预测能力做到极致，它可能就是真正的 AGI。

OpenAI 沿着这个思路反复去做，先从大概 1.5 亿个参数的模型开始，一直做到今天的 GPT-4。GPT-4 大概有 1.8 万亿个参数，训练的方法就是购买更多的 GPU，并以更多的数据进行训练。而训练的数据可以是全世界能找到的所有内容，包括历史上所有的小说、科技文献，互联网上所有人发表的文字、照片和视频。

结果我们都看到了，AI 开始以惊人的速度发展。OpenAI 在 2022 年底推出的 ChatGPT 在一个半月内就获得了上亿用户，成为人类有史以来用户数增长最快的应用程序。2023 年，OpenAI 推出了 GPT-4，以及多模态的 GPT-4V，大大提升了模型的通用能力。

人类正在以难以想象的速度进入 AGI 的大时代。

本书将详细介绍宇宙的起源、人类智能的进化，以及 AI 的崛起等重要事件背后的基本原理和历史性时刻，使读者更深刻地领悟很多看似毫不相关的事件背后的巨大相似性和必然性。

让我们一起开启这段神奇的旅程吧！

第一篇

人类文明简史

第 一 章

宇宙的维度

人脑是宇宙中已知最复杂的物体之一，现代人的脑容量约为1400mL，有约 1000 亿个神经元且种类繁多。每个神经元既能处理电信号，也能随时向其他细胞传递神经递质，从而传递信息。每个神经元与其他数千到数万个神经元彼此相连，这意味着人脑中有超过 100 万亿条随时随地都在变化的连接，这构成了人脑那层层叠叠的复杂的网络。

伽利略、艾萨克·牛顿、阿尔伯特·爱因斯坦、查尔斯·达尔文、玛丽·居里，还有其他很多科学家都是人类顶级智能的代表。人类通过研究数学、物理、化学、生物等科学领域，对宇宙运行的规律有了充分的理解，并在此基础之上建立了先进的现代文明。

那么人类的智能是怎么进化出来的呢？

智能是生物为了在地球上生存而进化出来的一种能力。所以要理解智能，首先要理解我们生存的这个宇宙最底层的运行规律，如 4 种基本相互作用、空间和时间的真正意义、物质的本质、元素周期表等。另外，我们需要了解太阳系和地球。地球是宇宙中极其特殊的行星，地球的完美环境是人类出现并进化出智能的基础。生物的进化过程也与智能的出现有非常密切的关系。

智能可以简单地细分为 4 种能力：感知、认知、决策和执行。我们可以看到，哪怕是一种非常简单的单细胞生物也具备这 4 种能力。生物的进化过程，本质上是这 4 种能力不断提升的过程。

理解智能也需要了解蛋白质和基因。人脑是一个非常精密的"碳基计算机"，而蛋白质和基因是让人脑的功能得以实现的最主要工具。人类智能的进化过程，在数学领域可以用一个非线性优化问题来模拟，而智能提升的过程，本质上是通过基因算法对人类基因进行不断优化的过程。

另外，生物学中的进化论也可以被看作一种算法。基因算法是模仿生物进化论所形成的应用算法，它基于自然选择和遗传机制，通过模拟生物进化过程中的选择、交叉、变异等环节来寻找最优解。这种算法在很多领域都有应用，如机器学习、优化问题、数据挖掘等。

尽管进化论可以解释生物进化过程中的一部分现象，但它并不能解释基因的起源，即基因是如何在生物体中出现的。目前科学家认为，基因可能起源于远古时代的核糖核酸（Ribonucleic Acid，RNA）或脱氧核糖核酸（Deoxyribonucleic Acid，DNA）分子，这些分子在生物体的进化过程中逐渐演变成了现代意义上的基因。但是这一演变过程的具体机制和时间节点仍需要科学家进一步研究和探索。

所以，理解智能要从了解宇宙的最底层设计开始。人类智能和 AI 的出现都不是巧合，它是宇宙底层设计的必然结果。

人类没有创造智能，我们只是发现了智能。

让我们从宇宙的第一行代码开始，开启我们对智能探索的旅程吧！

1.1
宇宙的极简历史

宇宙的起源是一个复杂的问题，目前主流的假说是宇宙起源于一场大爆炸。大约138亿年前，在爆炸之初，物质只能以中子、质子、电子、光子和中微子等粒子的形态存在。宇宙在爆炸之后不断膨胀，温度和密度随之很快下降。

在这场大爆炸之后，物质逐渐聚集起来，形成了原子核，同时释放出大量的能量。这些能量通过辐射传递到周围的空间中，使得整个宇宙都变得非常热。随着时间的推移，这种辐射逐渐减弱，而物质则开始聚集成为星球和星系。

人类所观察到的部分宇宙大约是由4.9%的普通物质或"重子"、26.8%的暗物质和68.3%的暗能量构成的。[1]

通过天文观测我们发现，宇宙已经膨胀了大约138.2亿年，而最新的研究认为宇宙的直径可能有930亿光年，甚至更大。

现代科学认为我们所在的银河系是一个螺旋状的星系，包含数千亿颗恒星和数不清的行星，如图1.1所示。在整个宇宙中，存在着众多像银河系这样的天体系统。宇宙之大，超越了人类的终极想象。

图1.1　银河系（艺术图）

---

[1] 天文学领域的很多数据为估值，因而存在很多说法。

1.2

古人的时空观

"往古来今谓之宙，四方上下谓之宇。""四方上下曰宇，往古来今曰宙。""出无本，入无窍。有实而无乎处，有长而无乎本剽，有所出而无窍者有实。有实而无乎处者，宇也；有长而无本剽者，宙也。"

在中国，古人提出了"宇""宙"，分别作为空间、时间概念，所以当我们说宇宙的时候，实际上说的是时空。

在很古老的时候，人们没有准确计量时间的工具，只是以太阳的升降来判断时间的早晚，因此有"日出而作，日入而息"的说法。人类最早使用的计时仪器是利用太阳的影子长短和方向来判断时间的。前者称为圭表，用来测量日中时间、定四季和辨方位；后者称为日晷，用来测量时间。古人根据长期的观察，确立了 12 个时辰所对应的日影方位并以此来判断时间，如"午时三刻"指的其实就是日晷盘所刻的午时位置的第三个刻度。圭表和日晷又统称为太阳钟，如图 1.2 所示。

图 1.2　太阳钟

圭表和日晷都是利用太阳来计时的仪器。但碰到阴雨天如何计时呢？古人还发明了漏刻。漏刻利用水流的均衡性，向壶里注水（或从壶里泄水），通过壶内刻有时间的浮标（称为箭）与水面齐平位置处的刻度来表示时间。由于表示时间的方式不受天气和气候的影响，漏刻在中国民间长期被广泛使用。

对于空间，中国古人曾提出盖天说和浑天说，在商代就有关于嫦娥奔月传说的文字记载，汉代学者张衡也曾提出"宇之表无极，宙之端无穷"的无限宇宙概念。浑天说认为天地的形状像一只鸡蛋，天与地的关系就像蛋壳包着蛋黄。实际上浑天说比盖天说更接近现代天文学思想。

巴比伦人认为，天和地都是拱形的，大地被海洋所环绕，而其中央则是高山。古埃及人把宇宙想象成以天为盒盖、大地为盒底的大盒子，大地的中央则是尼罗河。

最早认识到大地是球形的是古希腊人。公元前 6 世纪，毕达哥拉斯从美学观念出发，认为一切立体图形中最美的是球形，并提出天体和大地都是近似球形的。这一观点为后来许多古希腊学者所继承，并被 16 世纪初麦哲伦的环球航行所证实。

古人认为地球是宇宙的中心，周围绕着一圈星球，再往外去，寥落地分布着其余天体。

公元 2 世纪，托勒密提出了世界上第一个行星系模型——地心说模型，即地球处于宇宙中心，从地球向外依次有月球、水星、金星、太阳、火星、木星和土星，它们在各自的圆形轨道上绕地球运转。为了说明行星运动的不均匀性，其提出行星在本轮上绕其中心转动，而本轮中心则沿均轮绕地球转动。

1543 年，哥白尼在《天体运行论》中正式提出了"日心说"的观点（图 1.3）。他认为太阳是星系的中心，所有行星都绕着太阳旋转。地球也是一颗行星，它一边像陀螺一样自转，一边和其他行星一样围绕太阳转动。在中世纪的欧洲，托勒密的地心说由于符合神权统治势力的需要，一直占据统治地位。为了捍卫日心说，不少仁人志士与黑暗的神权统治势力进行了前仆后继的斗争，付出了血的代价。1687 年，牛顿在《自然哲学的数学原理》中阐述了万有引力定律，使哥白尼的学说获得了更加稳固的科学基础。

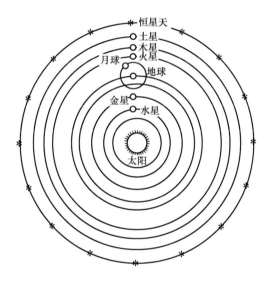

图 1.3　哥白尼日心说的图示

1.3

基本相互作用

　　基本相互作用指的是引力相互作用、电磁相互作用、强相互作用和弱相互作用。这 4 种基本相互作用在物质世界中起着至关重要的作用。

　　在物理学发展的历史中，这 4 种基本相互作用的发现是一个漫长而复杂的过程。其中，强相互作用和弱相互作用发现于 20 世纪，而电磁相互作用和引力相互作用的发现可以追溯到古希腊时期。

1. 引力相互作用

　　早在古希腊时期，人们就意识到了地球和其他物体之间存在一种相互作用（从地心说可以体现出来）。有些人认为这种相互作用是由天体之间的神秘力量所引起的，但并没有给出任何具体的解释。后来，牛顿（图 1.4）提出了万有引力定律。这个定律表明，任何两个物体之间都存在引力，该引力的大小与两个物体的质量成正比，与它们之间的距离的平方成反比。该定律后来被应用于行星运动的研究中。

图 1.4　牛顿

2. 电磁相互作用

　　电磁力是电荷、电流在电磁场中所受力的总称。早在公元前 6 世纪，古希腊哲学家泰勒斯就已经发现了一些静电现象。然而，直到 18 世纪末 19 世纪初，电学才成为一门独立的学科。法拉第在 1831 年发现了电磁感应，并提出了场的概念。安培在 1820 年提出了安培定律，揭示了电流和磁场之间的关系。麦克斯韦在 1864 年创立了电磁场方程组

（称为麦克斯韦方程组），将电场和磁场统一为一个整体，并预见了电磁波的存在。这些成就为电磁学的发展奠定了基础，也为无线电通信、雷达、电视等技术的发展提供了理论支持。

3．强相互作用

强相互作用是构成原子核的质子和中子之间的相互作用。强相互作用的研究历史可以追溯到 20 世纪 30 年代初期，当时的研究者已经知道了质子和中子是构成原子核的基本粒子，但是它们之间的相互作用却无法解释清楚。在 20 世纪 30 年代中期，美国物理学家欧内斯特 · 劳伦斯和他的团队利用自己研制的回旋加速器探究了质子和中子的核反应，他们发现在核反应中会产生许多新的粒子，这些粒子的存在挑战了当时人们对于原子核的认识。1948—1949 年，美国物理学家理查德·费曼和朱利安 · 施温格等人提出量子电动力学新的理论，它能够解释核反应中出现的新粒子。1961 年，盖耳 - 曼提出强子（可发生强相互作用的粒子）分类的"八重态法"，预言了 Ω^- 粒子的存在，该预言在 1964 年经实验证实。八重态中有 8 个粒子，它们的质量、电荷、自旋等物理量都是相似的，它们之间的区别在于强相互作用的差异。这个发现为后来科学家对强相互作用的研究奠定了基础。

4．弱相互作用

弱相互作用只作用于电子、夸克、中微子等费米子，并制约着放射性现象，而对光子、引力子等玻色子不起作用。弱相互作用的发现历史可以追溯到 20 世纪初。1911 年，英国物理学家卢瑟福根据 α 粒子通过金箔的散射实验发现了原子核，并提出了原子的行星模型。不过，他没有意识到弱相互作用的存在。直到 1933 年，美国物理学家费米建立了 β 衰变（由弱相互作用引起）理论，把粒子间的相互作用延伸到弱相互作用，从而开辟了弱相互作用的研究。当时，费米的弱相互作用理论在低能情况下非常成功，但在高能状况下并不完全适用。20 世纪 50 年代，李政道、杨振宁发现与其他几种相互作用不同，弱相互作用下宇称不守恒，并因此获得诺贝尔物理学奖。

在 4 种基本相互作用中，人类在日常生活中能感知到的主要是引力相互作用和电磁相互作用。例如，跳起来的时候，我们能感觉到引力把我们拉回地面。另外，我们能观察到形形色色的物体和生命，是因为有电磁波（主要是光波）辐射。而我们看到的所有物体，包括我们自己，都是由无数个原子组成的，而这些原子能组合在一起，依靠的就是电磁相互作用。

1.4

物质究竟是什么

人类在很久以前就在研究和思考物质的本质，并且形成了一些朴素的理论。

在中国古代，人们认为物质是由 5 种元素组成的，即金、木、水、火和土。这些元素被认为是宇宙万物的基础，它们之间相互制约和相互作用，形成了一个复杂的系统。古人认为，阴阳为自然界对应和相互消长的两个方面。阴代表着女性、柔弱、消极的一面，而阳则代表着男性、刚强、积极的一面。阴阳相互作用，形成了万物生长和发展的基础。此外，古人还认为，物质是由气所构成的。气是一种无形无质的东西，它是万物生命的源泉，也是人类精神活动的动力。

在西方，古代哲学家也对物质进行了深入的研究和探讨。他们认为，物质是由原子组成的，而原子是构成物质的基本单位。原子是不可分割的微小粒子，具有一定的质量和能量。原子之间的相互作用和运动形成了物质的结构和性质。

随着科学技术的发展和社会变革的不断推进，人们对物质的认识也在不断地更新和完善。现代科学已经证明了物质是由微观粒子组成的，这些微观粒子包括电子、质子、中子等。科学家通过实验和观测，揭示了微观粒子之间的相互作用和运动规律，进而推导出了宏观世界的物理定律和化学规律。这些新的发现和技术的应用，不仅极大地推动了人类社会的发展与进步，也使人类更加深入地了解了物质的本质和规律。

图 1.5 所示为艺术化的原子结构模型，原子核中是质子和中子，外

面轨道上是电子。

图 1.5　艺术化的原子结构模型

元素周期表

　　元素周期表揭示了物质世界的秘密，把一些看似互不相关的元素组织起来，构成了一个完整的体系。它的发明是近代化学史上的一个创举，对于促进化学的发展起到了巨大的作用。

　　1869 年，俄国化学家门捷列夫按照原子量（实际为相对原子质量）由小到大，将化学性质相似的元素放在同一纵列，编制出了第一张较完整的元素周期表（图 1.6）。随着科学的发展，元素周期表中未知元素处的空位先后被填满。当原子结构的奥秘被发现时，元素周期表的编排依据由相对原子质量改为原子的质子数（等于核外电子数或核电荷数），形成了现行的元素周期表。

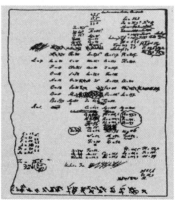

图 1.6 　门捷列夫和第一张较完整的元素周期表

　　通过了解元素的电子排列方式和周期性规律，人们可以预测新元素的存在和性质，并合成新材料。此外，元素周期表可以帮助人们理解化学反应的本质，以及为什么某些元素更容易与其他元素发生反应。

　　从元素周期表可以很清楚地推断出由各种元素构成的物质的物理与化学属性。例如，常见的元素碳和硅是元素周期表中同一族的元素，有着某些相同之处，也有一些不同之处。碳和硅最外层都有 4 个电子，都是完美的元素半导体。其中，碳是最简单的元素半导体。图 1.7 所示为碳原子的电子轨道。一个碳原子有 4 个化学键，是非常好的"连接器"，可以把很多种不同的原子连接在一起。这也是碳成为生命最重要的组成元素的根本原因。

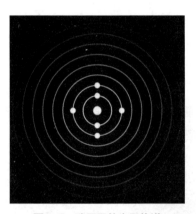

图 1.7　碳原子的电子轨道

　　对于碳基生物来讲，还有 3 个非常重要的元素：氢、氧、氮。氢和氧是组成水的基本元素，而氮是组成蛋白质的重要元素。因为构成碳基生物的基本元素，即碳、氢、氧、氮都属于简单元素，其电子轨道能级较低，很容易受外界因素影响而离解，所以碳基生物需要几乎完美的生存条件。

　　而硅元素比碳元素多了一层电子，其外层电子能级较高，所以基于硅元素的半导体器件可以承受比较高的温度，在非常恶劣的环境中也能正常工作。

1.6

太阳系的起源和命运

　　太阳系的起源是一个长期而复杂的过程，人类目前对其还没有完全了解。但是，科学家普遍认为，太阳系的形成始于大约 46 亿年前的一个分子云（由氢、氦等气体和尘埃组成的云状物体）中一小块的引力坍缩。坍缩的大部分物质集中在中心，形成了太阳；其余部分摊平，形成了一个原行星盘，继而形成了行星、卫星、彗星和其他小天体的天体系统。太阳系示意如图 1.8 所示。

图 1.8　太阳系示意

　　从形成开始至今，太阳系经历了相当大的变化。有很多卫星在由环绕其母星的气体与尘埃组成的星盘中形成，其他的卫星有可能是俘获而来，也有可能来自于巨大的碰撞（地球的卫星月球就属于此情况）。天体间的碰撞至今都在发生。

　　行星的位置经常变化，这种行星移位现象现在被认为对太阳系早期的演化起着重要作用。

太阳和行星如同生物体一样，最终将毁灭。数十亿年后，太阳会冷却并向外膨胀至现在直径的很多倍（成为一颗红巨星），然后抛去它的外层成为行星状星云，并留下被称为白矮星的恒星尸骸。在遥远的未来，环绕太阳的行星有些会被膨胀的太阳吞噬，另一些则会被抛向宇宙深处。最终，太阳系将只剩下太阳自己，不再有其他天体在太阳周围的轨道上。

在太阳系中，地球是一颗独一无二的行星。它的各种独特的属性为人类提供了一个完美的家园。

地球的演化

　　对地球起源和演化的问题进行系统的科学研究始于 18 世纪中叶，至今科学家已经提出多种学说。一般认为地球作为一颗行星，起源于 46 亿年以前的原始太阳星云。地球和其他行星一样，经历了吸积、碰撞等物理演化过程。

　　形成原始地球的物质主要是星云盘中的原始物质，其组成主要是氢和氦，它们约占原始地球总质量的 98%，此外，还有固体尘埃和太阳早期演化阶段抛出的物质。在地球的形成过程中，由于重力作用，不断有轻物质随氢和氦等挥发性物质分离出来，并被太阳抛出的物质带到太阳系的外部，因此，只有重物质或固体物质凝聚起来逐渐形成了原始的地球，并演化为今天的地球。

　　在星云盘形成之后，由于引力的作用及其不稳定性，星云盘内的物质，包括尘埃层，因碰撞、吸积形成许多小型行星或者星子，又经过逐渐演化，聚积成行星，地球就在其中诞生了。根据估计，地球形成所需的时间为 1 千万年至 1 亿年。离太阳较近的行星（类地行星），形成时间较短；离太阳较远的行星，形成时间较长，甚至可达数亿年。

　　地球在刚形成时，温度比较低，并无分层结构，后来由于陨石等物质的轰击、放射性衰变过程中的放热和原始地球的引力坍缩，地球的温度逐渐升高，最后成为黏稠的熔融状态。由于炽热火球的旋转，再加上重力作用，地球内部的物质开始分异。较重的物质渐渐地聚集到地球的中心部位，形成地核；较轻的物质则悬浮于地球的表层，形成地壳；介于两者之间的物质则构成了地幔。这样地球就具备了所谓的层圈结构（图1.9）。

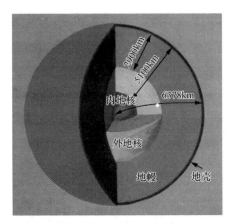

图1.9　地球的内部构造

在地球演化早期，原始大气都逃逸了。但随着物质的重新组合和分化，原先在地球内部的各种气体上升到地表成为新的大气层。由于地球内部温度升高，内部的结晶水汽化。后来随着地表温度的逐渐下降，气态水经过凝结，积聚到一定程度后，又通过降雨重新落到地面。这种情况持续了很长一段时间，于是在地表形成水圈。

最原始的地壳约在 40 亿年前出现，而地球以其地壳出现作为界线，地壳出现之前称为天文时期，地壳出现之后则进入地质时期。在这之后，地球生物进化的大幕就徐徐拉开了。

地球生物进化史

地球，这颗宇宙中的蓝色明珠，是生命的摇篮。在其漫长的演化历程中，地球环境与生物进化之间有着千丝万缕的联系，犹如一对默契的舞伴，共同展现着生命的奇妙舞步。

地球诞生之初，环境极端恶劣，高温、狂暴的火山活动和强烈的宇宙辐射充斥着整个星球。然而，正是在这样看似不可能孕育生命的条件下，生命的种子开始悄然萌芽。约 35 亿年前，原始生命从复杂的化学进化中诞生。随着时间的推移，生命在不断适应地球环境变化的过程中持续进化。从最初的单细胞生物到复杂的人类，每一步都充满了奇迹。

地球环境的变迁为生物进化提供了压力和机遇。在漫长的进化道路上，生命经历了多次重大的变革，各种奇特的生物形态逐渐涌现，生态系统也变得日益复杂。

进化论为我们揭示了生物进化的基本规律，但它也并非完美无缺。在探索生命奥秘的道路上，我们还面临着许多未解之谜。

DNA 和基因作为生命的遗传密码，在进化过程中发挥着关键作用。细胞的结构和功能的演变，神经元和突触的发展，眼睛的进化，以及生物智能的逐步提升，都是地球环境与生命相互作用的精彩例证。

接下来，让我们更深入地走进这个神奇的世界，一起探索生命进化的奥秘和奇迹吧。

碳基生物的起源

地球生命的起源经历了一系列复杂的过程，其中的化学进化过程可以分为以下 4 个阶段。

（1）无机小分子在火山爆发、光照和闪电等的作用下形成了有机的生物小分子。

（2）有机的生物小分子形成了大量有机的生物大分子。

（3）有机的生物大分子发展为多分子体系。

（4）约在 35 亿年前，多分子体系演变成原始生命。

在 20 世纪 20 年代，科学家提出了一种观点，认为在原始地球的海洋中，存在着具有有机分子的"原始汤"。这些有机分子是由闪电等对原始大气中的甲烷（CH_4）、氨（NH_3）和氢（H_2）等的化学作用而形成的。米勒的实验（图 2.1）进一步证实了这一观点。他将甲烷、氨、氢和水蒸气（模拟原始地球的大气成分）封闭在无氧的玻璃容器内，加以连续的火花放电（模拟闪电），结果得到了 20 种有机化合物，其中有 11 种氨基酸。这 11 种氨基酸中有 4 种是生物的蛋白质中所含有的。

其他国家的科学家也采用各种不同的气体混合物作为初始物质，模拟原始地球大气，并采用放电、紫外线、电离辐射和加热等方法，模拟原始地球的自然能源条件，进行了类似实验。结果证明，构成天然蛋白质的 20 种氨基酸，除了精氨酸、赖氨酸和组氨酸，均可在模拟原始地球的条件下经多种途径产生。

在生命起源的化学进化过程中，多分子体系的形成是一个非常重要的环节。关于这一问题的研究，科学家提出了团聚体学说和微球体学说。

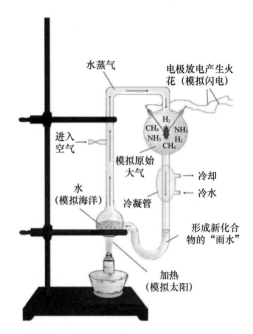

图 2.1　米勒模拟生命起源的实验装置示意

（1）团聚体学说是由苏联生物化学家奥巴林提出的。他认为生命发生的原始阶段可以分为 3 个基本阶段：有机物（主要是碳氢化合物）产生阶段、氨基酸高分子聚合物（原始蛋白质）等产生阶段、蛋白体产生阶段（团聚体产生阶段）。奥巴林等人通过实验发现，团聚体可以表现出合成、分解、生长、生殖等生命现象。

（2）微球体学说是由美国科学家福克斯提出的。他认为类蛋白质形成的微球体就是最初的多分子体系。福克斯等人通过实验发现，微球体的直径为 2 ～ 7μm，具有稳定性，在高渗透压的溶液中体积缩小，在低渗透压的溶液中体积膨胀。微球体也能进行"出芽"生殖。

无论是团聚体学说还是微球体学说，都认为多分子体系内部具有一定的物理、化学结构，这种独立的结构可能是生命起源的重要一环。

漫长的进化过程

地球诞生于约 46 亿年前，最初它是一个炽热的球体，表面多火山和熔岩。在这种极端的环境下，生命似乎不太可能出现。然而，科学家通过研究地球上最古老的岩石和化石，发现生命出现的时间可能比预想的要早得多。

生命的起源通常分为两个阶段：生命的化学进化阶段和生命的生物进化阶段。在生命的化学进化阶段，无机物质在特定的条件下形成了有机物质，这些有机物质又逐渐形成了生命所需的基本分子，如氨基酸、核苷酸等。在生命的生物进化阶段，这些基本分子组合成了更复杂的分子，最终演变成了生物体。

最早的生命形式是原核生物，它们出现在地球上的时间约为 35 亿年前。原核生物是一类没有细胞核的单细胞生物，它们的细胞结构非常简单，主要由细胞膜、细胞质和遗传物质组成。尽管原核生物非常原始，但它们对于整个地球生命的进化具有重要意义，因为它们是所有生物体的共同祖先。

在地球生命的进化过程中，原核生物逐渐进化成了真核生物。真核生物具有更复杂的细胞结构，包括细胞核、线粒体、内质网等细胞器。真核生物的出现为生命的进化提供了更多的可能性，它们可以适应更广泛的环境，从海洋到陆地，从极地到热带。

在真核生物的进化过程中，出现了许多重要的生物群，包括植物群、动物群等。这些生物群在生态系统中扮演着不同的角色，相互依存，共同进化。例如，植物通过光合作用为整个生态系统提供能量，动物则通过捕食和被捕食的关系传递能量。

在地球生命的进化过程中，还出现了两次重大的生命大爆发。第一次生命大爆发发生在寒武纪（约 5.41 亿—约 4.85 亿年前）早期，地球上突然出现了大量复杂的多细胞生物。这次生命大爆发的原因尚不完全清楚，可能与氧气含量的增加、气候变化等因素有关。第二次生命大爆发发生在白垩纪（约 1.37 亿—约 6500 万年前）晚期，大约在 6500 万年前，地球上出现了原始的哺乳动物。这次生命大爆发可能与恐龙的灭绝、气候变化等因素有关。

关于人类的起源存在诸多有争议的观点，有一种观点认为人类起源于 600 万—500 万年前，经历了直立人、尼安德特人等。在人类进化过程中，最显著的变化之一是脑容量的增加。相对于其他灵长目动物，人类的脑容量更大，这使得人类能够思考、创造、解决问题。另外，人类还发展出了独特的语言能力，这使得人类能够传递信息、交流思想、合作共事。这些特点使得人类在地球生命的进化过程中独具优势，最终成为地球上最具智慧的生物。

地球生命的进化历史是一部漫长而复杂的史诗，从单细胞的原核生物到人类，经历了数十亿年。在这个过程中，生命不断地适应环境、发展壮大，形成了丰富多样的种群。作为地球上最具智慧的生物，人类应该珍惜地球生命的进化成果，保护地球生态环境，为地球生命的未来发展贡献力量。

进化论的成功与失败

　　进化论是生物学的一个基本理论，它解释了生物种类的多样性和生物体在时间上的变化。进化论的核心观念是生物进化，即生物随着时间的推移逐渐发生变化，从低级到高级、由简单到复杂，甚至形成新的物种。这个过程是由遗传、变异和自然选择驱动的。

　　19 世纪，英国博物学家查尔斯·达尔文（图 2.2）提出了自然选择理论。自然选择过程促成了生物种群的逐步进化和多样性。

　　进化论主要包括以下几个方面。

　　（1）**自然选择**。这是进化论的核心概念，认为生物个体之间存在差异，这些差异可以通过自然选择传递给后代。自然选择是一个长期的、缓慢的过程，它通过优胜劣汰的方式决定了生物种群的进化方向。

　　（2）**遗传和变异**。生物的遗传信息是通

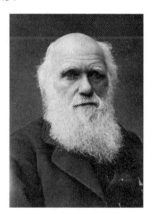

图 2.2　达尔文

过基因传递的。基因突变和基因重组是生物遗传和变异的主要方式。这些变异是生物进化的原材料，为自然选择提供了多样化的生物个体。

　　（3）**生物多样性**。进化论认为，生物种群的多样性是生物进化的结果。生物多样性不仅体现在物种层面，还体现在基因和生态系统层面。生物多样性为生物适应环境变化提供了丰富的资源。

　　（4）**生物进化**。生物进化的过程包括物种形成、物种灭绝和物种间的进化关系等，可以通过化石记录进行研究。化石是在地层中保存下来

的远古生物的遗体、遗迹和生物体分解后的有机物残余，它们反映了生物的进化史。

进化论为人类了解生命的起源、进化过程和生物多样性提供了一个统一的理论框架。进化论在生物学领域取得了巨大的成功，解释了生物多样性和生物体在时间上的变化。然而，目前它仍然面临着一些挑战，例如，它无法解释生命的起源、遗传信息的本质，以及为什么某些生物特征会遗传。尽管如此，在今天，进化论仍然是我们了解自然界生物的进化现象的重要理论依据。

DNA 和基因

在生物学中，DNA 和基因是非常重要的两个概念。

在细胞核内，DNA 被紧密地包裹在染色体中。这些染色体主要是由 DNA 和蛋白质组成的，其中 DNA 是遗传信息的载体。DNA 中的遗传信息是以碱基序列的形式存在的，这些序列就是基因（图 2.3）。每个基因都包含了构建和维持生命所需的特定指令。

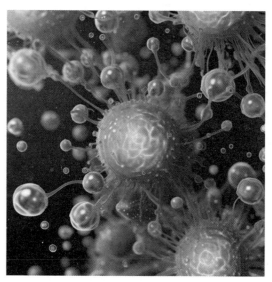

图 2.3　AI 创作的细胞内基因物质的构想图（来自文心一言）

作为生物的遗传蓝图，基因承载着决定生物各种特性的遗传信息。这些特性包括但不限于身体结构、功能、行为，甚至是生物对环境的适应能力。

基因的一个重要特性是可以发生变异。这些变异可能是由于 DNA 复制过程中的错误、外部环境因素或生物自身的代谢过程引起的。当变异发生在影响生物适应环境的基因上时，它们可能会赋予生物新的生存优势或劣势。随着时间的推移，这些适应性变异可能会积累并传递给后代，促进生物的进化。

自然选择是生物进化的关键驱动力。当环境发生变化时，具有适应性变异的生物更有可能生存和繁殖，从而将有利的基因传递给下一代。这个过程称为自然选择。通过自然选择，有利的基因在种群中的出现频率逐渐增加，从而促进了生物的进化。

基因流可以实现基因在种群间的重新组合和交换，从而增加种群的遗传多样性。基因流也称为基因扩散，是指基因从一个种群扩散到另一个种群的过程。这可以通过生物的迁移、交配或杂交等方式实现。基因流为生物提供了更多的适应性变异，促进了生物的进化。

DNA 和基因的发现经历了漫长的过程。

（1）19 世纪，奥地利修道士孟德尔通过对豌豆的杂交实验，发现了遗传的两个基本定律——分离定律和自由组合定律（统称为孟德尔定律），揭示了生物在生殖过程中如何传递遗传特征。虽然孟德尔当时并不知道 DNA 和基因的存在，但他的遗传定律为后来的遗传学研究奠定了基础。

（2）20 世纪初，科学家发现生物体内的遗传信息与染色体密切相关。染色体是细胞核内的线状结构，它们在细胞分裂过程中负责传递遗传信息。这一发现使得科学家开始关注染色体在遗传中的作用。

（3）1909 年，美国遗传学家托马斯·摩尔根进行了一系列果蝇杂交实验，随后证实了基因位于染色体上。他的实验表明，基因在染色体上呈线性排列，且染色体上的基因遵循孟德尔的遗传定律。这一发现是遗传学的一个重要转折点，为后来的基因定位和染色体遗传学研究奠定了基础。

（4）1953 年，美国遗传学家詹姆斯·沃森和英国物理学家弗朗西斯·克里克通过研究磷酸二酯键的结构，提出了 DNA 的双螺旋模型。

（5）在这一模型中，DNA 由两条反平行的多核苷酸链组成，它们以氢键相连，并围绕一个共同的轴盘旋。这一结构揭示了 DNA 如何存储和传递遗传信息，为后来的 DNA 研究奠定了基础。

（6）20 世纪 50 年代前后，科学家开始研究基因在染色体上的相对和绝对位置，即基因定位。通过基因定位，科学家可以确定某个基因在染色体上的具体位置，从而深入研究其功能和调控机制。

（7）20 世纪 70 年代，科学家发明了一种名为基因克隆的技术，它可以将特定基因从一种生物中复制到另一种生物中。通过基因克隆，科学家可以研究基因的功能、结构和在不同生物中的表达情况。基因克隆技术的出现为后来的基因工程和基因治疗研究奠定了基础。

（8）20 世纪 90 年代，国际科学界启动了人类基因组计划，旨在解析人类基因组的序列。这一计划取得了巨大成功，为遗传病研究、基因表达调控和个体化治疗等领域提供了宝贵的资源。

近年来，基因编辑技术（如 CRISPR/Cas9）取得了显著的发展。这一技术允许科学家在 DNA 上精确地添加、删除或替换特定的基因，从而研究基因的功能和结构。基因编辑技术在生物学研究和医学领域具有广泛的应用前景，如治疗遗传性疾病、癌症和免疫系统疾病等。

基因不仅是智能进化的手段，而且是智能进化的成果。

现代人类的基因是地球生物进化的成果，也是生物智能进化的成果。

2.5

细胞的结构和功能

　　细胞是生物体的基本结构和功能单位，所有的生命现象都源于细胞。从简单的单细胞生物到复杂的多细胞生物，细胞在其中扮演着至关重要的角色。

　　细胞的结构一般包括细胞膜、细胞质、细胞核，细胞质中又含有多种细胞器（图 2.4）。这些结构共同构成了细胞的基本框架，并为细胞的功能提供了支持。

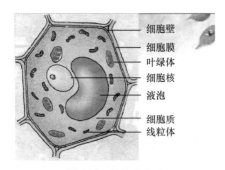

细胞壁
细胞膜
叶绿体
细胞核
液泡
细胞质
线粒体

图 2.4　细胞的结构

　　（1）细胞膜是细胞的外部边界，它由液态脂质双分子层和蛋白质等组成，主要功能是保护细胞内部结构，同时调控物质进出细胞。通过细胞膜，细胞可以与外部环境进行物质交换和信息传递。

　　（2）细胞质是细胞膜内除去细胞核外的物质的总称，主要由细胞质基质和细胞器组成。细胞质基质是一种胶状物质，其中包含了水分、离子、蛋白质、碳水化合物和脂质等。细胞质是细胞内许多生物化学反应的场所。

（3）细胞核是细胞的"指挥中心"，包含了大量的 DNA 和蛋白质。细胞核的主要功能是存储和复制遗传信息，并通过转录和翻译过程合成蛋白质。此外，细胞核还调控着细胞的生长、分裂和基因表达等过程。

（4）细胞器是细胞内具有特定功能的结构。常见的细胞器有线粒体、内质网、高尔基体、溶酶体、过氧化物酶体等。这些细胞器负责细胞的能量代谢、蛋白质合成、消化、合成和分解过氧化氢等。

细胞具有多种功能，包括物质代谢、能量转换、生长、分裂、基因表达和信息传递等。

基因表达是指细胞内的基因信息被转录为 RNA，并翻译为蛋白质的过程。这个过程包括转录、翻译和翻译后调控等步骤。通过基因表达，细胞可用于遗传信息的传递和功能的实现。**生物智能的进化过程本质上就是基因的进化过程。现代人类的基因就是地球生物超过 40 亿年进化的成果。**

细胞间和细胞内的信息传递是生物体维持正常生理功能和适应环境变化的关键环节。细胞通过信号分子、细胞膜受体和细胞内信号通路等途径进行信息传递。**人脑神经元细胞之间的信息传递机制是形成人类智能的基础。**

总之，细胞是生物体的基本结构和功能单位。通过研究细胞的结构和功能，我们可以更好地了解生命的起源、进化和生物间遗传信息的传递。这些发现为我们了解生命的奥秘和 AI 的工作原理提供了宝贵的知识。

神经元和突触

在过去的几个世纪中，科学家一直在探索大脑和神经系统的奥秘。作为神经系统的基本结构和功能单位，神经元在揭示大脑的奥秘方面扮演着至关重要的角色。

神经元又称神经细胞，是由胞体、树突和轴突组成的（图 2.5）。胞体是神经元的核心部分，包含细胞核、细胞质和细胞膜。树突是胞体向外伸出的短小树状突起，负责接收其他神经元传来的信息。轴突是神经元最长的部分，负责将神经冲动传递给其他神经元或效应器。突触是轴突末端形成的一种特化性细胞连接结构，负责信息的传递。

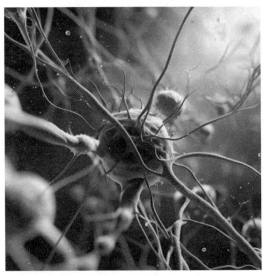

图 2.5　AI 创作的神经元放大图（来自文心一言）

神经元的主要功能是接收、处理和传递信息。当神经元受到足够的刺激时，它们会通过轴突将信息（冲动）传递给其他神经元或效应器。这个过程涉及神经递质，这是一种特殊的化学物质，可以在神经元之间传递信息。

突触前膜是前一个神经元轴突末端形成的膜结构，负责释放神经递质。突触后膜是下一个神经元树突或胞体上的膜结构，负责接收神经递质。突触间隙是突触前膜和突触后膜之间的空间，充满了组织液和神经递质。

神经元和突触之间的相互作用是大脑信息处理的基础。在这个过程中，神经元通过轴突将信息传递给突触，再通过突触将信息传递给下一个神经元或效应器。神经元兴奋时，突触前膜会释放神经递质，神经递质通过突触间隙作用于突触后膜。如果突触后膜上的受体与神经递质结合，就会触发下一个神经元的兴奋。这个过程称为兴奋性突触传递。与兴奋性突触传递相反，当神经元受到抑制性神经递质的作用时，突触后膜上的受体会阻止神经元的兴奋。这个过程称为抑制性突触传递。

大脑中有大量神经元，它们通过突触相互连接。大脑的不同区域负责不同的功能，如运动、感知、语言和记忆等。神经系统由脑、脊髓、脑神经和内脏神经等组成，包括中枢神经系统和周围神经系统两部分，实现了从感知到运动、从内脏到皮肤等各种生理功能和组织的协调。

眼睛是怎么进化出来的

生物在地球上已经存在了大约 35 亿年。作为感知外部世界的重要器官，眼睛对于生物的生存和繁衍具有至关重要的作用。

最早的生命形式，如单细胞生物，并没有眼睛。这些生物依靠简单的化学反应或机械感应来感知外界环境。例如，草履虫借助细胞质中的液晶态物质便能感知光的存在，从而避开白天的高温环境。与现代的眼睛相比，这些感知器官极为简单。

随着多细胞生物的进化，无脊椎动物，如海绵、珊瑚，发展出了类似于感受器的东西，可以感知光、颜色和深度。例如，珊瑚可以感知周围环境的偏振光，从而辨别方向。其他一些生物已经初步具备了眼睛的基本构造。

随后出现的硬骨鱼，眼睛的构造进一步完善。硬骨鱼的双眼能够感知深度，这使得它们能够在三维空间中寻找食物和避开捕食者。其他许多物种，如两栖动物、爬行动物和鸟类，也进化出了类似的眼睛构造。

在进化的过程中，眼睛的功能不断完善，而其结构也在不断变化。以硬骨鱼为例，其眼睛具有晶状体、玻璃体和视网膜等基本构造。随着时间的推移，这些构造逐渐复杂化，形成了我们所熟知的眼睛的基本结构。

在眼睛结构复杂化的同时，视神经也得到了发展。视神经能够将眼睛接收到的信息传送到大脑，再由大脑进行处理和解释。在哺乳动物中，视觉信息通过视神经传递到大脑的视皮质，形成了我们所看到的图像。

随着生物的进化，眼睛的形态和功能也发生了许多变化。例如：夜间活动的哺乳动物，如猫和蝙蝠，眼睛通常较大，具有更好的夜视能力；而需要高度视觉敏锐度的鸟类和昆虫，如鹰和蜻蜓，眼睛通常也较大，具有更广阔的视野。

除了视觉系统本身的进化，生物眼睛的进化还对生物多样性的发展产生了深远的影响。不同的眼睛结构适应了不同的生存环境，使得生物能够更好地适应各种环境。深海生物的眼睛通常能够适应高压和昏暗的环境，而沙漠生物的眼睛则能够更好地适应强烈的光线和干旱的环境。

此外，眼睛的进化还影响了生物的行为和生存策略。例如：具有更好视力的鸟类能够更准确地发现食物和避开捕食者，从而提高了生存能力；哺乳动物眼睛的进化还影响了其社会行为、繁殖策略和学习能力等。

总之，眼睛（图2.6）的进化是一个漫长而复杂的过程。从最简单的单细胞生物到高级哺乳动物，眼

图2.6　AI创作的眼睛放大图
（来自文心一言）

睛的结构和功能经历了不断的改进与完善。在这个过程中，眼睛的进化不仅对生物的生存和繁衍产生了重要影响，还推动了生物多样性的发展。了解生物眼睛的进化历史，有助于我们更好地理解生物的行为、生存策略和适应环境的能力。

2.8

寒武纪大爆发

寒武纪大爆发是发生在寒武纪早期的一个生物爆发性辐射事件，其特点是短时间内出现了大量复杂生物种类，生物多样性急剧增加，是地球生物进化历史上的一个重要里程碑。

寒武纪大爆发的特点主要有以下几个。

（1）**生物多样性急剧增加**。在寒武纪之前，地球上的生物种类相对较少，主要是一些低等生物。到了寒武纪时期，出现了许多新的生物种类（图 2.7），且结构更加复杂，包括节肢动物、软体动物、腕足动物、古植物等。这些生物的化石记录在寒武纪地层中非常丰富，显示了生物多样性的急剧增加。

图 2.7　AI 创作的寒武纪时期生物构想图（来自文心一言）

（2）**生物体形变大。**寒武纪时期的生物体形相对较大，这也是寒武纪大爆发的一个重要特点。例如，著名的海口鱼就是当时的一种大型动物，其化石发现于中国云南地区。

（3）**生态系统复杂化。**随着生物多样性的增加和生物体形的变大，寒武纪时期的生态系统也变得更加复杂。各种生物之间形成了相互依存、相互制约的关系，生态系统逐渐变得复杂和多样。

（4）**遗传多样性增加。**在寒武纪大爆发之后，生物的遗传多样性也显著增加。不同的物种在基因组水平和分子水平上出现了显著的差异，这也为后来的生物进化奠定了基础。

寒武纪大爆发的影响非常深远。它极大地丰富了地球上的生物多样性，为后来的生物进化提供了广阔的基础；它促进了生态系统的复杂化，使得生态系统逐渐变得稳定和成熟；它也为后来的生物进化提供了更多的选择和可能性。

生物智能的进化过程

生物智能的进化是一个漫长而复杂的过程，它起始于单细胞生物，经历了多细胞生物、鱼类、爬行动物和哺乳动物等不同的阶段，最终在人类这里达到了发展的高峰。在这个过程中，生物的感知、记忆、学习等智能行为逐渐形成并不断发展，对生物的多样性和生存策略产生了深远的影响。

在生物智能的进化过程中，空间感知能力是一个非常重要的方面。空间感知能力是指生物对周围空间位置和物体相对位置的感知能力，它是生物在生存和繁衍中必不可少的一项技能。

单细胞生物，如草履虫，已经具备了简单的化学感知能力，能够感知化学物质的浓度，并根据其变化来行动。这种化学感知能力是生物智能的最初表现形式，为后来的生物进化提供了基础。

随着多细胞生物的出现，生物的感知器官逐渐复杂化。例如，水母类动物发展出了原始的眼睛，能够感知光线并根据其变化来行动。这种感知能力使得生物能够更好地适应复杂的环境，从而提高了生存能力。鱼类眼睛和神经系统的复杂度进一步提高，因而具备更强的空间感知能力。

爬行动物的空间感知能力得到了进一步的发展。例如，蛇类动物能够通过热感应器感知猎物的位置和速度，从而进行精确的攻击。此外，爬行动物的大脑还发展出了更复杂的区域和神经回路，因而具备了更高级的智能行为。哺乳动物的空间感知能力更高。哺乳动物的大脑具备了高度发达的皮质和神经回路，使得它们能够进行更为复杂的感知、学习和记忆行为。例如，猴子能够通过视觉和触觉感知外部环境，并将获取的信息整合在一起，从而进行精确的空间定位和行动。

人类的空间感知能力达到了发展的高峰。人类不仅能够感知外部世界的视觉、听觉等信号，还能够进行更为复杂的空间认知和推理。例如，人类在建造房屋、驾驶车辆、设计城市布局等活动中都需要具备高水平的空间感知能力。这种空间感知能力为人类的创新和进步提供了基础。

除了空间感知能力之外，海马也是生物智能进化过程中一个非常重要的方面。海马是大脑中形状像海马的一个区域，主要负责记忆和学习。在生物的进化过程中，海马的发展对生物的智能行为产生了深远的影响。

（1）在鱼类中，有与海马功能类似的结构，因而鱼类能够进行简单的记忆和学习。例如，鲤鱼能够通过学习记住捕食者的外形和颜色，从而避开危险。这种记忆和学习能力使生物具备了适应环境的能力，因而能够更好地生存和繁衍。

（2）在爬行动物中，海马的复杂度得到了提高，使得爬行动物能够进行更高级的记忆和学习行为。例如，鳄鱼能够通过记忆识别出其领土和猎物，从而进行有效的捕食。这种记忆能力使生物具备了更为精确的环境认知和适应能力。

（3）在哺乳动物中，海马的复杂度进一步提高，使得哺乳动物能够进行更为复杂的记忆和学习行为。例如，老鼠能够通过学习找到食物和避开危险。这种学习能力使生物具备了更高的适应性和生存能力。

（4）在人类中，海马的复杂度达到很高的水平。人类不仅能够进行简单的记忆和学习，还能够进行更为复杂的思维和推理活动。例如，人类在学习新知识、解决问题、制定决策等活动中都需要依靠海马的记忆和学习能力。这种高度发达的海马为人类的智能行为奠定了基础，并提供了有力的支持。

　　总之，在生物智能的进化过程中，空间感知能力和海马等对智能行为起重要作用的因素逐渐形成并不断发展，对生物的多样性和生存策略产生了深远的影响。了解生物智能的进化过程，有助于我们更好地理解生命的本质和生物的进化规律，同时为未来的生物科技研究和探索提供更多的启示和指导。

第 三 章

人类智能的崛起

人类智能的进化，宛如一部波澜壮阔的史诗，充满了无数关键的节点和惊人的转折。从远古时期的直立行走，到语言的诞生，再到思维的发展，每一步都镌刻着人类智慧的光芒。

数百万年前，人类祖先在非洲丛林以树栖生活为主，后因环境变化发展出直立行走，这解放了双手并促进了工具的使用与制造；随着时间的推移，古猿进化为直立人，脑容量增大，增强了认知与学习能力，并掌握了石器制作技术；早期智人具备类似现代人的脑容量，形成了社会组织，为文明的出现打下基础；晚期智人的出现标志着更高智慧和创造力的发展，他们发明了文字、学会了用火和制造陶器，构建了现代社会的雏形。

语言的诞生是人类智能进化的重要里程碑。作为思维的载体和抽象思维的实现工具，语言促进了精确表达、知识传承与创新；从简单的声势交流发展到复杂的语言系统，语言拓展了人类思维并加强了社会协作。自我意识的出现使人类能够反思自身存在的意义，促进个性塑造、社交互动及心理健康。直觉与逻辑思维的协同使人类能灵活应对问题，快速决策并深入分析。群体智能的进化体现了个体智能的升华，人类在历史进程中通过协作积累了智慧，取得了前所未有的成就。

接下来，让我们更深入地探究人类智能进化的奥秘，一起揭开这充满魅力的历史画卷。

3.1

人类进化简史

　　关于人类的进化过程，存在诸多有争议的观点，这里选取一种介绍。在距今 600 万—500 万年前，人类的祖先——原始古猿（没有统一的称呼）走上了进化的道路。从那时起，经过漫长的自然选择和适应环境变化的过程，原始古猿逐渐进化为现代人。

　　人类进化的过程可以分为以下几个阶段（图 3.1）。

　　（1）原始古猿阶段：距今 600 万—500 万年前，人类的祖先——原始古猿生活在非洲的热带丛林中。他们主要以树栖生活为主，拥有长而强壮的臂膀和灵活的手指，善于攀爬和捕捉食物。

　　（2）南方古猿阶段：距今 400 多万年前，南方古猿出现。南方古猿的体形较大，脑容量也相对较大。南方古猿已能直立行走，但仍然以树栖生活为主。

　　（3）直立人阶段：距今近 200 万年前，直立人出现。直立人学会了直立行走，脑容量进一步增大，开始使用简单的石器工具。直立人的出现是人类进化的重要转折点，从此，人类走上了智慧生物的道路。

　　（4）早期智人阶段：距今 20 多万年前，早期智人出现。早期智人的脑容量已经接近现代人类的水平，开始使用更为复杂的石器工具，并具备了一定的社会组织能力。

　　（5）晚期智人阶段：距今约 10 万年前，晚期智人出现。晚期智人具有更高的智慧和创造力，开始使用火、制造陶器、发明文字，并逐渐形成了现代社会的雏形。

　　原始古猿　　南方古猿　　　直立人　　　早期智人　　　晚期智人

图 3.1　人类进化的过程

　　在人类进化的过程中，有几个重要的事件对人类的进化产生了深远的影响。首先是直立行走，这是人类进化的基础，使得人类脱离了森林的束缚，开拓了更为广阔的生活领域。直立行走也是人类使用工具、狩猎等行为的前提。其次是大脑的发展，这是人类进化的重要特征。随着大脑的发展，人类的智慧和认知能力不断提高，从而能够应对更为复杂的环境和挑战。最后是社会组织的形成，在社会组织的基础上，人类能够进行有效的协作和交流，从而提高生存和繁衍的能力。

　　人类进化的历史是一个漫长而复杂的过程。在这个过程中，直立行走、大脑的进化和社会组织的形成等重要事件和关键时刻，共同推动了人类进化的进程。随着科学技术的不断发展，我们对人类进化的认识也将越来越深入。

3.2

智人的崛起

　　人类，这个地球上最具智慧的生物体，在探索未知、发展科技、创造文明等方面展现了惊人的天赋。然而，人类并非突然出现的，而是经过了长达数百万年的进化过程。

　　根据化石和基因研究可知，人类起源于非洲大陆。早期的原始人类，如南方古猿（图 3.2），已经具备了双足行走和制造工具的能力。然而，他们的脑容量相对较小，大约只有现代人类的一半。

图 3.2　AI 创作的南方古猿图片（来自文心一言）

　　到了直立人阶段，人类的进化出现了关键的转折点。此时，人类祖先的脑容量开始迅速增加，语言能力也更强，同时身体结构发生了显著变化，如更直立的姿势、更灵巧的手。这种变化为日后人类文明的出现奠定了基础。

20 多万年前，早期智人出现。早期智人的变化更为显著，如更大的脑容量、更为发达的语言和文化。此外，他们还具备了适应各种环境的能力，从而得以迅速扩散到全球各地。

在漫长的进化过程中，人类逐渐适应了极端的环境，如极地、沙漠和高山。这些环境不仅考验着人类的生理适应能力，还促进了人类文化和技术的不断发展。例如，生活在北极地区的人类发展出了更为高效的保暖技巧和猎食方法，而沙漠中的游牧民族则精通了管理和利用稀缺资源的能力。

约 10 万年前，人类的大脑容量达到了现代人类的水平。这带来了前所未有的智力革命，人类开始创造复杂的工具、发展农业和畜牧业、建立社会制度和城市。文明的出现进一步推动了人类智力的提升，形成了一种正反馈机制。在这个阶段，人类开始记录知识、发展艺术、创立宗教和探索科学。这些进步不仅能让人类更好地理解自身和周围的世界，还加强了彼此之间的联系，形成了更为庞大的社会结构。

人类的崛起是一部长达数百万年的进化史诗。我们从非洲草原上的普通动物逐渐进化成了地球的主宰。在这个过程中，我们经历了脑容量的增加、身体结构的变化、环境适应能力的提升和文明的发展。如今，我们正站在科技革命的浪潮之巅，面临着新的挑战和机遇。

语言在人类进化过程中的作用

　　语言，这一神奇的现象，将人类与其他动物区分开来，使我们能够交流复杂的想法和情感。语言的诞生是人类进化史上的重大事件，它不仅促进了人类的团结协作，还推动了文化和技术的巨大进步。语言的诞生涉及了人类发音器官的特殊构造、大脑皮层（也叫大脑皮质）的语言中枢和神经回路的完善。

　　在语言诞生的初期，人类可能通过模仿自然界的声音和手势来进行交流。随着时间的推移，人类逐渐掌握了更复杂的发音技巧和语言规则，最初的语音逐渐发展成为具有固定意义和规则的语言符号。这一过程涉及了发音器官的进一步发展和大脑皮层的语言中枢的完善。

　　这个阶段的语言可能还比较简单，仅能表达基本的情感和意图。而随着智人的出现，语言开始发生革命性的变化。智人具备更发达的大脑和更复杂的发音器官，能够发出更清晰、更复杂的语音。这使得智人发展出了更高级的语言能力，从而促进了人类社会的形成和发展。

　　通过语言，人类能够交流复杂的想法和计划，从而更好地应对周围的环境。语言不仅促进了人类社会的形成，还使得人类能够结成更大的社群，发展出更高级的文化和技术。

　　语言的作用主要表现在以下方面。

　　（1）**提高人类社交和协作能力**。在狩猎和采集阶段，语言的出现使得人们能够更有效地协调行动，共同狩猎大型猎物；同时，语言促进了人类部落的形成，人们能够更好地分享食物来源和危险的信息，提高了生存率。

（2）**推动技术和文化的发展。** 通过语言，人们能够交流复杂的想法和进行创新，从而推动了技术和文化的发展。在这个过程中，人类还创造出了书画和文学作品，使得知识和文化能够被记录与传承。语言的传播使得文化和技术的发展成为可能，从而推动了人类社会的持续发展。

（3）**促进政治和社会组织的形成与发展。** 通过语言，人们能够进行复杂的沟通和协商，这促进了人类文化和思想的发展，从而推动了人类政治和社会组织的形成，以及人类社会的多元化发展和进步。

在人类进化的历程中，尼安德特人是与现代人类最为接近的人种之一（人们对尼安德特人的分类地位有不同看法，有的学者将其归为古老型智人，而有的学者将其视为与智人并列的人种，本书采用后一种观点）。尼安德特人生活在距今约 20 万—约 3 万年前，他们的身体比智人更为强壮，但智人的大脑容量比他们的大，具备更复杂的思维和语言能力。

一种观点认为，智人能够使用复杂的语言交流想法和计划，这使得他们能够更好地协作和狩猎；相比之下，尼安德特人可能没有像智人这样发达的语言能力，导致他们在社交和协作方面存在一定的劣势。随着时间的推移，智人逐渐占据了更多的生存空间和资源，尼安德特人的生存环境逐渐恶化，最终灭绝。

另一种观点认为，智人和尼安德特人可能同时存在，并且在文化和技术方面进行了交流与融合。有证据表明，尼安德特人与智人之间可能存在基因交流，这可能是现代人类某些特征的来源之一。

智人最终战胜了尼安德特人。这一过程可能是复杂的，并且涉及多个因素，而语言的诞生无疑是其中重要的一步。

语言和思维的关系

　　语言与思维是人类认识世界和交流思想的重要工具。语言是思维的表达方式，思维则是语言的内在处理过程。人类的抽象思维是通过语言来实现的，语言为人类提供了抽象概括的能力，使得人类能够超越具体的感知，理解抽象的概念和关系。

　　语言不仅仅是声音和符号的组合，还包含了丰富的文化、社会和心理因素。思维是对这些因素进行内在处理的过程，使得人类能够理解、分析和概括外部世界。例如，当听到"苹果"这个词时，我们的大脑不仅会联想到具体的苹果形象，还会结合文化、社会和心理因素进行内在处理，理解其背后可能代表的"水果""红色""圆形"等抽象概念。

　　语言为人类提供了表达抽象概念的工具。词汇、语法和句子等语言的构成要素可以用来表达抽象的概念和思想。例如，"爱情""友谊""道德"等词汇都是抽象概念，通过语言我们可以理解和交流这些概念。

　　语言使得人类能够进行概括和归纳，将具体的感知上升到抽象的认知层面。通过语言，人类可以对一系列具体的事物或现象进行分类和总结，形成更为普遍和抽象的概念与关系。例如，"动物""植物"等概念就是对大量具体物种的概括。

　　语言为人类提供了逻辑推理的工具。通过语言，人类可以运用逻辑规则对概念和命题进行推理与论证。推理的过程就是将已知的概念或命题转化为新的概念或命题，并遵循一定的逻辑规则进行推导。在这个过程中，语言起到了关键的媒介作用。例如，在数学中，人类可以通过语言来推导和证明定理，如勾股定理的证明过程需要运用逻辑推理和运算等语言形式和工具，从而得出结论："直角三角形两直角边的平方之和等于斜边的平方"。

　　总之，语言与思维之间是密不可分、相互依存的关系。

3.5

自我意识

说到自我意识的起源，我们就要追溯一下人类的进化过程。在漫长的进化过程中，人类逐渐发展出高度发达的大脑和复杂的认知能力，其中就包括自我意识。基因突变、自然选择和社会行为等多种因素共同促进了自我意识的出现。

自我意识是一个复杂的概念，涉及认知科学、神经科学、心理学等多个学科领域。对于自我意识的定义，各个学科说法不一。但一般认为，自我意识是一种能够对自己的思想、情感和行为等进行审视与认知的能力。

在自我意识的研究中，有几个重要的实验（或测试）和发现值得关注。其中之一是镜子测试，这是评估动物是否具有自我意识的一种常用方法。测试时，在动物面前放置一面镜子，观察它们是否能够识别出镜子中的影像是自己（图 3.3）。通过这种测试的动物包括大猩猩、黑猩猩、猴子和一些鸟类。人类婴儿在大约 18 个月大时也能通过镜子测试，表现出对自我的认识。这个测试表明，自我意识可能是逐步形成的，而不是突然出现的。

另外，神经影像学技术的发展也为自我意识的研究人员提供了新的手段。通过功能性磁共振成像（functional Magnetic Resonance Imaging，fMRI）等技术，研究人员可以观察到人类大脑在自我意识活动时的神经元活动情况。例如，研究发现，当人们进行内省时，前扣带回皮质和楔前叶等区域的神经元活动明显增强。这进一步证明了这些区域在自我意识中的作用。

图 3.3　镜子测试

自我意识是人类认知系统中不可或缺的一部分，它对人类的行为和决策产生了深远的影响。以下是自我意识的一些重要作用。

（1）**塑造个性**。自我意识能够让人类更好地理解自己的观点、价值观和个性特点。通过内省和自我评价，人类可以更好地认识自己，进而塑造自己的个性。

（2）**促进社交互动**。自我意识能够让人类更好地理解自己的情感和行为，并在社交互动中更好地与他人沟通。这有助于人类建立更健康、更有效的人际关系。

（3）**提高心理健康水平**。自我意识能够让人类更好地理解自己的心理问题，进而提高心理健康水平。通过内省和心理治疗，人类可以更好地应对自己的心理问题。

（4）**增强创新能力**。自我意识能够让人类更好地理解自己的思维方式和认知过程，进而增强创新能力。这有助于人类发现新的问题、提出新的解决方案和创造新的价值。

自我意识是生物在进化过程中逐步发展出来的适应环境的能力。它使得生物能够更好地认识自己和周围环境，进而更好地生存和繁衍后代。人类由于具有高度发达的大脑和复杂的认知能力，自我意识得到了极大的发展，并成为人类独具的认知优势。通过对自我意识的起源、证明和作用的研究，我们可以更好地理解人类的认知特点和心理过程，这也为心理治疗、AI 等领域提供了新的视角和思路。

3.6

直觉思维和逻辑思维：快系统和慢系统

在面对复杂问题时，我们经常需要在短时间内做出决策，这种快速决策能力是人类认知的重要组成部分。然而，这种快速决策并不总是准确的，有时需要借助逻辑思维来弥补其不足。

直觉思维是一种基于经验、无意识的思维方式，它依赖于过去的经验和环境，快速做出判断和决策。逻辑思维则是基于理性、有意识的思维方式，它通过逐步地推理和分析来得出结论。

直觉思维可协助进行快速决策，能够快速应对简单和常规的问题。然而，在复杂和新颖的情境下，直觉思维的准确性往往较低。逻辑思维虽然决策速度较慢，但能够通过分析和推理得到更准确的结果。

对应于直觉思维和逻辑思维的分别是人类的快系统和慢系统。快系统是一种依赖直觉和经验的快速决策系统，而慢系统则需要通过理性思考和分析来做出决策。这两个系统在人类的思考过程中都起着重要作用。

快系统在处理简单和常规问题时具有显著优势，它能够快速地做出决策，而无须进行详细的分析。然而，在面对复杂和新颖问题时，快系统的准确性往往会降低。

慢系统则需要通过理性思考和分析来做出决策。相比之下，慢系统在处理复杂问题时具有更高的准确性。然而，慢系统需要更多的时间和注意力，因此在处理简单问题时效率可能会降低。

直觉思维是大部分动物具备的能力，而逻辑思维是人类独有的能力，这主要有以下几个原因。

（1）人类拥有独特的语言能力，这使得人类能够用符号和抽象概念进行思考，这是逻辑思维的基础。其他动物虽然也能进行某种形式的沟通，但它们的沟通形式缺乏人类语言的丰富性和深度。

（2）人类的社会性和文化传承能力也是形成逻辑思维的重要因素。人类通过教育，将知识和经验传递给下一代。这种文化传承使得人类可以超越直觉思维的局限性，进行更深入的逻辑思考。

（3）人类具有自我意识，能够思考自己的思维过程，发现并纠正自己的错误。这种自我意识使得人类能够不断发展逻辑思维能力，从而更好地理解世界。

人类思考的快与慢、直觉思维与逻辑思维，以及快系统和慢系统是相互关联的。这些概念共同构成了人类认知的复杂性和多样性。理解这些概念有助于我们更好地理解自身的思考方式，并在日常生活中做出更准确和明智的决策。同时，通过不断发展和提高自身的逻辑思维能力，我们可以超越直觉思维的局限性，更好地应对复杂和不断变化的世界。

群体智能的进化：个体智能的升华

在探索生命与智慧的漫漫旅程中，人类群体智能的进化和优越性成为我们关注的重要课题。群体智能作为一种独特的智能形式，不仅在生产活动中发挥着重要作用，还在决策、创新等方面展现出了无可比拟的优越性。

早期群体智能的起源可以追溯到旧石器时代的狩猎和采集阶段。为了共同应对恶劣的生存环境，原始人类通过群体行动发挥集体智慧，克服生存难题。例如，成功狩猎的原始人类群体可以利用集体智慧分配食物、制造工具，并共同抚养年幼成员。

在农业生产中，人们通过集体协作掌握了一系列种植、灌溉、收割等生产技能。这些技能的传承和优化，推动了农业社会的发展。同时，农业革命孕育出了一系列社会组织形式，如家族、部落和国家等，进一步促进了群体智能的发展。

工业革命的到来使得群体智能发生了质的飞跃。通过机械化生产和大批量协作，人们能够更高效地完成各种任务。此外，电信技术的飞速发展使得人们能够跨越地域限制，进行更加紧密的合作。这种新型的群体智能形式为现代社会的形成奠定了基础。

进入信息时代，互联网技术的迅速普及使得全球范围内的人们能够更加便捷地分享信息和知识，进一步推动了群体智能的提升。例如，在应对全球性疫情、气候变化等重大问题时，全球各地的专家、学者和公民能够通过在线协作平台，共同研究、制订解决方案，为问题的解决贡献智慧。

在生产活动中，群体智能能够充分发挥个体能力和资源互补的优势，提高生产力和效率。例如，在现代制造业中，企业经常采用团队合作的方式完成任务。团队成员各自具备不同的技能和专长，通过协作配合，能够快速、高效地完成复杂的工作。

在面对复杂的问题时，群体智能能够整合多个个体的知识和信息，降低决策中的风险，提高决策的科学性和准确性。例如，在商业决策中，企业经常组织专家团队对市场、竞争对手等进行深入分析，从而制订出更明智的策略。

群体智能在创新方面具有显著优势。通过集思广益和思想碰撞，个体能够产生出新的想法和解决方案。例如，许多科技公司在研发新产品时，会广泛征集员工的建议和意见，从而激发员工的创新思维，提高产品研发的成功率。

群体智能在人类社会中具有重要地位，也极大地影响了个体智能。在未来，我们期待进一步发掘群体智能的潜力，并探索其在各个领域的应用前景。同时，我们也需要意识到，作为一种新兴的智能形式，群体智能存在着许多未解之谜和挑战。为了充分发掘其潜力并应对挑战，我们需要投入更多的研究资源和精力。

第 四 章

生产力和熵增

在我们探索世界的奥秘时，热力学第二定律和熵增的概念宛如一把神奇的钥匙，为我们开启了理解宇宙规律的大门。而生产力，作为人类社会发展的核心动力，与熵增之间存在着耐人寻味的关系。

"熵"用来描述系统的无序度或混乱度。由热力学第二定律可以得出，孤立系统的熵永不减少。这一定律在许多实验和现象中都得到了验证。

更有趣的是，熵增与时间的流逝紧密相连，随着时间的推移，系统往往变得更加无序。熵的概念还延伸到了信息领域，形成了信息熵。信息熵衡量着系统的有序化程度，越是有序，信息熵越低。生命的存在，本质上就是通过信息处理能力实现熵减，以在这充满不确定性的世界中更好地生存。

那么，生产力又在其中扮演着怎样的角色呢？生产力的本质，其实是对抗熵增，是将无序转化为有序的能力。无论是生命体还是计算机系统，都是典型的熵减系统。可以说，一个能够实现熵减的系统，就具备了提供生产力的能力。

人类文明的进程，实际上就是不断发现和利用先进生产力的过程。文明的发展程度，可以用可供使用的能源总量和能源转换为生产力的效率来衡量。

接下来，让我们来了解一下生产力、熵增与人类文明之间的深刻关系。

热力学第二定律和熵增

19 世纪，科学家对热力学领域的研究取得了重大突破。其中，德国物理学家鲁道夫·克劳修斯做出了杰出的贡献。他深入研究热力学的相关理论，并提出了一种描述热量的数学方法。在此基础上，克劳修斯进一步提出了"熵"的概念。所谓的"熵"，是一种描述系统无序度或混乱度的物理量。

在克劳修斯提出"熵"的概念后，另一位科学家开尔文对热力学第二定律进行了更为精确的表述。他指出，不可能从单一热源吸取热量使之完全变为有用的功而不产生其他影响。依据开尔文的说法，能量耗散是普通现象。

热力学第二定律的成立可以通过许多实验和现象来证明。

（1）**热传导实验**。将两个温度不同的物体放置在一起，热量会自动地从高温物体传递到低温物体。在这个过程中，高温物体的熵会减少，而低温物体的熵会增加，符合热力学第二定律的表述。

（2）**热机效率**。热机是将热能转化为机械能的装置，但是热机无法将全部的热能转化为机械能，部分热能会以热量的形式散失到环境中。这是热力学第二定律所描述的不可逆过程。

（3）**制冷机效率**。制冷机是一种将热量从低温物体转移到环境介质，从而获得冷量的设备，但是制冷机无法将全部热量转移出去，部分热量会散失到环境中。这也是热力学第二定律所描述的不可逆过程。

（4）**火箭推进**。火箭推进是一种将化学燃料产生的热能转化为动能的过程，但是在这个过程中，化学反应所产生的热能无法全部转化为动能，部分热能会以热辐射的形式散失到环境中。这也是热力学第二定律所描述的不可逆过程。

这个定律的发现，对当时的社会发展起到了巨大的推动作用。在工业领域，人们利用热力学第二定律设计出更高效、更环保的机器和设备，例如，蒸汽机通过不断地与外界进行物质和能量的交换，从而减少了自身的熵，实现了更为高效的工作。在医学领域，热力学第二定律也发挥着重要的作用，例如，人体需要通过呼吸和排汗来维持低熵状态，否则会导致身体器官的功能衰退。在金融领域，经济学家利用热力学第二定律来分析经济系统的复杂性和不确定性，从而制定出更为科学、合理的经济政策。在环境保护领域，热力学第二定律为人们提供了理解环境污染和生态平衡的重要工具，通过研究能量转化和物质循环的规律，人们可以更好地保护自然环境，实现可持续发展。

自然界的熵增对于人类的一个特别意义就是，它和人类理解的时间的流逝类似。

时间之矢

　　物理学定律在微观层面几乎是与时间对称的，这意味着物理学定律在时间流逝的方向倒转之后仍然保持为真，但是在宏观层面却不是这样——时间存在着明显的方向。时间之矢就用于描述这种不对称的现象。我们可以假设一下，如果时间是对称的，那么即使将影片倒过来播放一段，观众也能理解所发生的事情。

　　我们在生活中感受到的时间之矢来自热力学第二定律，即一个孤立系统的熵只能随着时间的流逝不断增加，而不会减少。熵被认为是对无序性的量度，因此热力学第二定律隐含着一种由孤立系统的有序度变化所指定的时间方向（也就是说，随着时间的流逝，系统总是越来越无序）。换句话说，孤立系统在未来将越来越无序。

　　尽管任何孤立系统都会随时间的流逝越来越无序，系统的各部分却存在着关联。一个简单的例子是玻璃杯被打碎的过程：最终状态（碎了的杯子）比初始状态（完整的杯子）更无序，但杯子的各部分之间存在关联——两块相邻碎片的边缘可以准确吻合（图 4.1）。因此，我们可以说，一个孤立系统在过去是有序的且其各部分是无关的，而在未来则是无序的但各部分是相关的。

　　热力学第二定律并没有完全排除熵减少的情况。理论上一个打碎的杯子也可以被完全恢复，但是这个过程自发完成的概率小到可以完全忽略不计。人为修复一个打碎的杯子并非不可能，但要消耗大量额外的能量。所以，从实际的结果来看，事物变得无序是一件很容易的事情，而让事物变得有序是很困难的事情。这种变化的相对不可逆性就产生了时间之矢的概念，人们总是会选择熵增加的方向作为时间流逝的方向。

图 4.1　打碎的玻璃杯

想象这样两部短片：第一部播放的是一只球沿一个圆形轨道匀速运动，这部短片不管是正着放还是倒着放都不会对我们的观看造成影响，所以我们无法断定球真实的运动方向（顺时针还是逆时针），也就是说，在一个可逆的变化过程中，时间之矢消失了；第二部短片播放的是一个杯子从桌子上掉下去并打碎的过程，我们由常识可知杯子打碎这个过程不可逆，因此很容易知道倒过来放的短片是有问题的。所以，一个过程的不可逆是时间之矢形成的关键。

物理熵和信息熵

　　熵的另外一个应用是度量信息的多少。香农把排除了冗余后的平均信息量称为"信息熵"。信息的基本作用是消除人们对事物的不确定性。一个系统越是有序，信息熵就越低；反之，一个系统越是混乱，信息熵就越高。所以，信息熵可以说是系统有序化程度的一个度量。

　　热力学第二定律的一个推论是世界的基本规律是保证信息量的增加，而不是减少。而生命通过生物的信息处理能力（熵减能力）来在这个混乱的世界中更有效地生存。

　　热力学第二定律说明，一个孤立系统的熵总是自发增加的。但是对于一个非孤立系统，如一个生物，通过与外界交换物质和能量，它的系统熵是可以减少的。熵增往往伴随着能量的产生，如太阳会释放大量的热量。而熵减需要消耗能量，如生物找不到食物就会死亡。

　　但是这个世界为什么被"设计"成更容易从有序到无序呢？虽然这个问题有点接近哲学的范畴，但其实是可以有一个合理的科学解释的。通俗地讲，就是一件事情开始于虚无（一堆散乱的沙子，可以看作最基础的空间单元），此时熵处于非常大的状态，而靠人的力量可以引入规则，减少系统的熵，从而把无规则、无意义的事情变成了有规则、有意义的事情。

　　为什么自然界的规律是让熵增加，让无序度增加呢？想象一个世界，如果熵只能减少，不能增加，那么这个世界会很快进入一个最终有序的状态而不再变化。这样一个世界就失去了存在的价值（信息量接近于零）。一幅图案再美好，如果不再变化，它也就没有继续优化的价值了。所以世界的本质是变化，保持熵增就是保证信息量的增加，也就是保证不确定性的增加。

死亡是为了更好地再生。

毁灭是为了更好地重建。

世界的本质就是这样一个无限循环，一个永恒的优化过程——计算出一个答案，推翻这个答案，再计算出一个更好的答案。

生产力的本质

当我们谈论生产力时，我们究竟是在说什么呢？

宇宙的本质是空间和时间，空间代表了物质的连接关系，而时间代表了变化的相对速度。但是几乎所有物理学定律中的时间都没有方向，时间之矢来源于热力学第二定律——孤立系统的熵增，世界会自发变为无序。

生产力的本质是对抗熵增，是把无序变为有序的能力，这个过程需要消耗能量。例如，打扫卫生就是提供生产力的一种行为。在这个过程中，人们通过劳动将一个房间变得干净整洁，这个房间的系统熵减少了，所以打扫卫生是一种熵减的行为。同时，人们的劳动会消耗能量。所以，熵减的过程是需要能量的。

同样，一家公司开会讨论问题、做出决策也是一种提供生产力的行为。在这个过程中，与会人员通过交换信息、讨论、协商，得出一个行动计划，使公司的未来变得更可预测，这是一个熵减行为。在这个过程中，与会人员的思考和讨论都会消耗能量。

所以，一个具备熵减能力的系统就是一个能提供生产力的系统。它可以是一台机器、一只动物、一个人，也可以是一家公司，甚至是一个国家。

生物体就是一个典型的熵减系统。人类可以通过消化食物和水来维持生命并再生出组成人体的各类细胞和组织。考虑到人体细胞和组织是比食物精密和有序得多的结构，这实际上是一个熵减的过程。但是这一过程并非没有代价，人类需要消耗食物中储藏的大量能量去完成这个熵减的过程。

　　一个计算机系统也是一个典型的熵减系统。计算机系统通过对大量信息进行计算，可以去除不确定性，生成具有信息价值的结果。而生成新信息的过程本身就是一个熵减过程，在这个过程中系统的信息熵减少了。当然，这个熵减的过程也离不开能量的消耗，一个计算机系统的计算能力越大，熵减的能力就越强，消耗的能量也就越大。

人类文明的进程

　　文明是人类利用自身与环境中的资源在生存和发展中所创造出来的全部成果，意在计量人类和其最接近的动物祖先之间拉开的距离。

　　文明的发展程度可以用当前社会可供使用的生产力的总和来代表；进一步说，可以用生产力的两个基本方面来衡量：可供使用的能源总量和能源转化为生产力的效率（即能量使用效率或逆熵效率）。

　　因为生产力行为的本质是熵减行为，而熵减行为都需要消耗能量，所以可供使用的能源总量显然是生产力发展水平的一个标志。而可供使用的能源总量与人类的科学技术发展水平有关，科学技术发展水平越高，人类可以使用的能源种类越多，能源总量就越大。

　　同样，熵减行为的能量使用效率也与文明的程度，即与人类的科学技术水平有关。以打扫卫生为例，打扫单位面积的地面需要消耗的能量可以作为一种能量使用效率的度量，显然，一位有经验的、会使用工具的清洁工打扫单位面积需要消耗的能量，比一位没有经验的、不会使用工具的新手清洁工要低，同样，一台高效的扫地机器人打扫单位面积需要消耗的能量比人类清洁工要低。从打扫卫生这一种生产力行为的能量使用效率就可以部分反映出文明的进步。

　　根据这个标准，可以把到目前为止的人类文明分为 4 个阶段：狩猎文明、农耕文明、工业文明、数字文明。而人类的未来，是宇宙文明。本篇接下来将介绍狩猎文明、农耕文明、工业文明，而数字文明、宇宙文明分别在第二篇、第三篇介绍。

图 4.2 所示为人类文明的 5 个阶段。

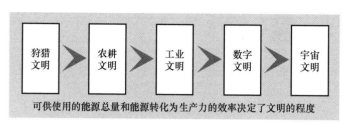

图 4.2　人类文明的 5 个阶段

第五章

狩猎文明

在远古时期，狩猎活动的出现标志着人类祖先生存方式的重大转变和社会发展的第一次重要演变。

几十万年前，古人类开始狩猎，用简单的工具与野兽搏斗，以谋求生存保障。

随着时间推移，狩猎技术不断进步，古人类学会了制造更高效的工具，掌握了狩猎技巧，并发展出防御策略。这些技能的提升，使得狩猎逐渐取代采集活动成为古人类主要的生活方式。

在狩猎过程中，团队协作更加紧密，劳动分工日趋精细，这催生了复杂的社会结构，包括等级制度和社会规范，为社会的进一步发展奠定了基础。狩猎还推动了工具和技术的发展，从石器到弓箭和投矛器的发明，都为后来的技术进步奠定了基础。在狩猎中，语言和文化也得以孕育和发展，这帮助古人类在生存竞争中脱颖而出。

不同地区的狩猎活动还对社会结构和文化产生了独特影响。东方强调集体与组织，有着分明的等级和权威；西方则根据地理环境形成了不同的组织形式。

接下来，我们将深入探讨狩猎文明发展中更多的细节及其深远意义。

5.1

狩猎活动的出现与演化

关于人类的起源，学术界存在两种不同的假说。一种假说认为，人类的起源是自然选择的结果，即适者生存。另一种假说则认为，人类的起源受到了文化演进的影响。这两种假说的争议至今尚未统一。但是，越来越多的证据表明，人类的起源是多种因素共同作用的结果，包括自然环境和生物进化。

考古学研究表明，人类早在几十万年前就开始了狩猎活动。早期人类狩猎主要依赖原始的狩猎工具和技术，如使用石块、木棒和简单的陷阱等。这些原始的狩猎工具和技术在后来不断得到改进和发展。

在石器时代，古人类开始使用刮削器、切割器和尖状器等石器工具进行狩猎。随着时间的推移，石器工具逐渐变得更加精细和实用。旧石器时代晚期，古人类开始使用弓箭和投矛器进行狩猎。这些工具的出现大大提高了狩猎的效率和安全性，使得猎人可以在较远的距离攻击猎物。同时，这些工具的制作需要更高的技术和更先进的材料，这促进了人类技术水平的进步。

在狩猎过程中，对猎物的观察和追踪技巧至关重要。古人类通过观察猎物的生活习性，逐渐掌握了野外追踪和使用陷阱与捕兽器捕捉猎物的方法，同时也发展出防御策略。这些技能对于生存至关重要，并促进了身体构造的进化，如更强健的四肢和更灵巧的手指。

随着狩猎技术不断进步，古人类逐渐放弃了采集或捡拾植物的生活方式，开始以狩猎为主要谋生手段，这种转变显著提高了生存能力。

在群体狩猎中，不同个体擅长不同的任务，如追踪、伏击和搬运等。通过团队协作，人们可以更好地利用资源，提高狩猎成功率。同时，团队成员之间的经验交流和学习也促进了狩猎技巧的传承与发展。

为了更好地协作和交流，古人类发展出了语言，以传递信息、分享经验和技巧。这促进了文化的诞生与发展。随着时间的推移，人类社会逐渐演变成复杂的社会网络，这得益于早期狩猎活动中个体之间的相互依赖和合作。

同时，在狩猎活动中，古人类学会了利用各种自然资源来制造更为高效的狩猎工具和其他工具。这些技术的发展不仅提高了狩猎效率，也为后来的工业革命和技术进步奠定了基础。

5.2
狩猎活动对社会结构的影响

在早期人类生活中，狩猎是一项具有重要战略意义的活动。狩猎不仅为人类提供了食物和衣物等基本生存物资，还为人类探索自然环境、锻炼生存技能提供了机会。在狩猎过程中，古人类不断积累经验、发展技术，逐步形成了早期的生存技能和社会文化。

此外，狩猎活动还需要团队协作和分工才能取得成功，这种集体性和组织性也是早期人类社会的重要特征，促进了社会组织的形成。

在早期人类社会中，狩猎活动对于社会等级的分化也具有一定的影响。成功的猎人往往能够获得更多的生存物资，从而在社会中获得更高的地位和声望。狩猎活动还需要技术和经验的积累，这也让技术娴熟和经验丰富的猎人拥有了更高的社会地位和声望。社会等级的分化进一步推动了社会结构的发展和变化。

东方古人类狩猎文明起源于东亚地区，具有强烈的集体性和组织性。在东方古人类社会中，狩猎活动通常以部落或族群为单位进行，男性猎人为主力，女性为辅助。这种生产方式决定了东方古人类社会结构的特征，如等级分明、领导权威等。此外，东方古人类狩猎文明还注重祭祀活动、神话等文化的传承方式，强调团结互助和社会稳定。

西方古人类狩猎文明起源于欧洲，由于地理环境、气候条件等因素的影响，骑射技术在狩猎活动中占据重要地位。这导致了西方古人类社会的组织形式和策略与东方不同。西方古人类社会强调个人英雄主义和竞争性，同时也注重商业和城市发展等方面。

5.3

狩猎活动和智人语言的诞生

在早期人类的进化历程中，语言能力的出现是一个重要里程碑。考古学和人类学研究的结果表明，人类发展到智人阶段开始具备语言能力，主要表现为简单的生活用语和基本的沟通指令，尚不具备复杂的语法和词汇。

在狩猎过程中，智人需要协调行动、共享信息、制订策略，这些都需要语言的支持。同时，狩猎活动也促进了智人社交网络的发展，使智人之间的交流更加频繁和复杂，从而推动了语言能力的提高。

狩猎活动需要智人掌握更多自然环境、动物行为、气候变化等方面的知识。这些知识通过语言的传播和交流，不断丰富着智人的词汇量。

智人需要共同制订狩猎策略，而语言是这一过程中的重要工具。通过语言的交流，智人之间可以更好地了解彼此的想法和建议，共同制订出最佳的狩猎策略。语言还可以帮助智人传授狩猎经验，使后来的智人能够从中吸取教训，提高狩猎成功率。

通过语言的沟通和协调，智人可以在狩猎过程中更好地分工与合作，提高狩猎效率，这一过程还会催生出更多的专业术语和概念，这进一步扩大了智人的词汇范围。此外，语言可以帮助智人建立和维护团队之间的信任关系，增强团队的凝聚力。

古人类狩猎活动对智人语言的影响是深远的。它不仅推动了智人语言能力的提高，还促进了智人语言的发展和完善。同时，语言在狩猎活动中也扮演着重要的角色。正是由于狩猎活动和语言的紧密结合，智人在生存竞争中才逐渐崭露头角，最终成为地球上最为成功的物种之一。

狩猎活动的局限性

在人类历史长河中，狩猎活动作为早期人类生存和发展的方式之一，具有重要的历史地位。然而，随着时间的推移，由于环境变化、资源限制和社会发展等多种因素的影响，狩猎活动和狩猎文明逐渐暴露出其局限性。

狩猎活动主要依赖野外狩猎获取生存物资，这种生产方式具有极大的不确定性和较低的效率。狩猎活动易受到季节、气候和动物迁徙等因素的影响，难以保证持续稳定地产出；对人力和物资的消耗较大，往往需要大量人员参与，并且人员面临着受伤、感染疾病等风险。当自然资源匮乏或环境变化时，以狩猎为生的人们便会面临生存危机。

狩猎文明的社会结构往往较为简单，通常以部落或小型村落为单位，这种结构在面对外部压力和挑战时显得十分脆弱。狩猎文明缺乏有效的防御机制，难以抵御外来侵略和战争；其社会组织能力有限，难以实现大规模协作和资源共享，这使得人们在面对自然灾害等突发事件时显得力不从心。此外，狩猎活动的技术传承主要依靠口耳相传，容易造成技术失传和信息流失。

在狩猎文明中，由于生产力的限制和资源的匮乏，社会等级分化并不明显。大多数成员在生产和生活方面享有平等地位，权力和地位的差距较小。这种社会等级分化的不明显往往不利于社会的发展和进步。在面对重大决策时，狩猎文明往往难以形成统一的意见和行动方向，制约了社会的发展速度和应对外部挑战的能力。

由于生产力和认知水平的限制，狩猎文明时期的科技水平相对较低。人们对于自然现象和科学知识的认识尚处于萌芽阶段，缺乏对自然规律的深入理解和应用。这使得人们在面对疾病、灾害等未知领域时，往往缺乏有效的应对手段。此外，低下的科技水平限制了人们在工具制造、工艺品制作等方面的创造力和生产效率。

由于生产方式的限制，狩猎文明难以实现规模化和工业化。随着人口的增加和资源消耗的加剧，人们面临着越来越大的生存压力。狩猎文明以个体或小规模群体为主的生产模式难以满足社会发展的需求。

第 六 章

农耕文明

在人类漫长的发展历程中，狩猎文明曾是我们祖先赖以生存的重要方式。然而，随着时间的推移，其局限性逐渐显现，为人类社会的进一步发展带来了诸多挑战。

在这样的背景下，农耕文明应运而生，为人类的发展开辟了新的道路。

农耕文明的起源可以追溯到新石器时代。那时人类开始发展原始农业和畜牧业，通过种植作物和驯养牲畜来稳定食物来源，促进人口增长和社会分工。河谷地区，如中东的新月地带，因其肥沃的土地成为农耕文明的发源地。

随着时间的推移，人们改进了耕作技术，发明了灌溉系统，并发展了手工业和城市建设，这些进步支撑了更加复杂的社会结构。农耕文明不仅带来了人口增长和技术革新，还促进了文化交流和融合。尽管取得了显著成就，但农耕文明并非一帆风顺，面临着气候变化带来的挑战，适宜的气候促进文明形成与繁荣，而干旱等极端气候则导致文明衰落。

随着时光流转，农耕文明不断演进和完善。在农业领域，人们掌握土地改良和水利设施建设，遵循植物生长规律和动物习性，提升生产效率；手工业方面，冶炼、纺织、制陶等技术涌现，促进了行业细分和专业化；城市建设和文字系统也取得重大进展，城市让生活更有序，文字系统方便交流与传承。

接下来，让我们更深入地探究农耕文明发展中的种种细节和应对挑战的策略。

6.1

农耕文明的起源

　　农耕文明的起源可以追溯到大约 1 万年前的新石器时代。在这个时期，人类社会的生产力得到了极大的提高，人们学会了制造和使用更为先进的工具与武器，同时出现了原始的农业和畜牧业。

　　在原始农业方面，人们开始尝试种植各种农作物，如稻谷、小麦、玉米等，并且发明了各种耕作方法和灌溉技术，使农业生产逐渐变得更为高效和有规律性。在畜牧业方面，人们开始驯养动物，如猪、牛、羊等，从而获得了固定的肉类食品供应。这些变化使得人类社会的人口数量逐渐增加，同时也促进了人类社会的分工和合作。

　　河谷是农耕文明最早的起源地之一。在中东的新月沃地，底格里斯河和幼发拉底河两大河流交汇，形成了肥沃的冲积平原，这里的土地非常适合农作物的生长。人们逐渐学会了在这里种植小麦、大麦等农作物，形成了早期的农耕文明。同时，人们还发明了轮子和灌溉技术，使得农业生产更加高效和有规律性。这些技术随后传播到了欧洲和亚洲等地，为人类社会文明的发展奠定了基础。

　　随着时间的推移，农耕文明得到了进一步的发展和完善。人们不仅发明了许多更为先进的农业和手工业工具，还创造了各种社会组织、宗教信仰、城市建设和文字系统等方面的文明成果。

　　（1）在农业方面，人们逐渐发现土地改良和水利设施的重要性，并且开始采用更为科学的种植和灌溉技术。同时，人们也开始了解植物生长的规律和动物的习性，从而能够更好地进行畜牧业的经营和管理。这些变化使得农耕文明的生产效率得到了极大的提高。

（2）在手工业方面，人们发明了许多制作技术，如冶炼、纺织、制陶等。这些技术的出现和发展，不仅使得手工业产品的质量得到了提高、数量大幅增加，还促进了手工业和农业的分离，使得人类社会的分工更为精细和合理。

（3）在城市建设和文字系统方面，农耕文明取得了重大的进展。城市的建设使得人们的生产和生活更加集中与有序，同时也促进了各种社会组织和制度的形成。文字系统的出现和发展使得人们可以进行更为准确和高效的交流与传承。

农耕文明的出现和发展，对人类社会的发展和进步产生了深远的影响。首先，农业生产的发展为人们提供了更为充足的食物供应，使得人口数量得以快速增长。其次，农耕文明的发展促进了人类社会的分工和合作，使得人类社会的生产效率得到了极大的提高；各种制作技术的出现，使得人类社会的生产方式得到了极大的改变，同时也促进了人类社会的进步和发展。再次，农耕文明的出现和发展促进了人类社会的城市化进程；城市的建设和发展为人们提供了更为舒适和便捷的生活条件，也促进了各种社会制度和文化的形成及发展。最后，农耕文明的出现和发展促进了人类社会的文化交流和融合，而不同地区的文化交流和融合为人类社会的文化多样性与发展注入了新的动力与活力。

农耕文明时代科技的发展

铁器农具的出现提高了农业生产的效率，使得人们有更多的时间和精力从事其他领域的研究与探索。

在农耕文明时期，水资源的重要性日益凸显。为了满足农业灌溉的需要，许多水利工程相继兴建，不仅提高了农业生产的效率，还为当时的社会经济发展做出了重要贡献。例如，中国古代的郑国渠、都江堰等大型水利工程，为当时的农业生产提供了稳定的水源。同时，人们开始利用地势和河流的自然条件，建造更为复杂的灌溉设施，如水车、水坝等。这些灌溉技术的发展为农业生产的稳定提供了保障，并使土地资源得到了更加有效的利用。

在中国古代，四大发明（造纸术、印刷术、指南针和火药）的出现具有划时代的意义。造纸术和印刷术的出现使得知识传播变得更加便捷；指南针在航海业发挥了巨大作用；火药则在军事上发挥了重要作用，同时也促进了民用技术的发展。

农耕文明阶段是人类社会发展的重要时期，其间经历了许多重大的科技发展，不仅推动了农业生产的不断进步，还对人类社会的其他领域产生了深远的影响。随着科技的不断创新和发展，我们相信，未来农耕文明将继续在人类文明进程中发挥重要作用。

6.3

农耕文明发展和气候变化的关系

　　农耕文明的一个非常重要的特点就是农作物产出与气候的变化有很大的关系。历史上，每当出现较长时间的恶劣气候时，就容易出现政权的颠覆和朝代的更迭，甚至出现整个文明的消亡。

　　大约在公元前 3100 年，古埃及第一王朝开始统治尼罗河谷。这一时期的气候特点是非洲季风每年会定期带来丰沛的雨水。根据气象记录，这一时期的降雨量比现代高出约 30%，为农业生产提供了充足的水源。这种气候条件为古埃及文明的形成和发展提供了有利的环境。

　　在公元前 2700 年至公元前 1100 年，古埃及文明进入了鼎盛时期。这一时期的气候特点是温暖湿润。根据地质和历史记录，这一时期的年平均气温比现代高 1 ~ 2℃，降雨量也相对充沛，为农业生产和植被生长提供了有利条件，进而促使古埃及文明更加繁荣。

　　在公元前 1100 年至公元 641 年，古埃及文明开始走向衰落。这一时期干旱气候频繁出现，导致农业生产和粮食供应严重不足，进而引发了社会动荡和政治变革。这些因素严重影响了古埃及文明的发展和繁荣。干旱气候对古埃及文明的影响具体体现在政治分裂、城市衰败和文化衰退等方面。

　　大约在公元前 2500 年，玛雅文明在中美洲的丛林中兴起。这个时期的气候特点是潮湿多雨。根据湖泊沉积物中的气候记录，这一时期的年平均降雨量比现代高出约 20%，为农业生产提供了充足的水源。这种潮湿的气候条件为玛雅文明的兴起和发展提供了有利的环境。

　　在 600 年至 900 年，玛雅文明达到了其辉煌的顶峰。这一时期的气候相对稳定，为玛雅文明的繁荣提供了良好的环境条件。然而，在900 年至 1100 年，干旱周期开始影响玛雅地区。持续的干旱导致农业生产和粮食供应严重不足，进而引发了社会动荡和战争，这些因素严重影响了玛雅文明的发展和繁荣。

在 1200 年至 1500 年，玛雅文明开始走向衰落。这一时期极端气候频繁出现，包括洪水、干旱、飓风和暴雨等，对农业生产和生态环境造成了严重破坏，导致了玛雅文明的衰败。气候恶化与玛雅文明的崩溃存在密切关联。

总的来说，气候变化是影响农耕文明兴衰的重要因素之一。前面这些具体案例表明，气候变化能通过多种途径影响农耕文明。为了确保人类社会的稳定发展和文明的持续进步，人类必须进化到一种更加高级的阶段。

第 七 章

工业文明

在人类文明的演进历程中，工业文明无疑是一座璀璨的里程碑，它以强大的力量重塑了世界的面貌。

文艺复兴时期的欧洲经历了一场文化和思想上的变革。这场运动让人们重新发现了古希腊和罗马的文化遗产，并将其融入艺术与文学创作中。这一时期涌现出了许多杰出的艺术家和文学家，他们的作品展现了高度的艺术技巧和人文主义思想。文艺复兴晚期，宗教改革和地理大发现等事件推动了社会变革，为启蒙运动奠定了基础。

这一时期也是现代科学技术的起源时期，伽利略和哥白尼等科学家推动了天文学和物理学的进步。以实验为基础的研究方法和跨学科研究，为现代科学的发展奠定了基础。

18 世纪，工业革命在英国兴起。19 世纪初，英国迎来了工业革命的黄金时代，蒸汽机、纺织机和冶炼炉等发明层出不穷，加速了城市化进程，并催生了新的社会阶层。

工业革命改变了社会结构，平等和自由取代了农业社会的等级制度与封建关系；生产力的大幅提高推动了经济繁荣，促进了国际贸易和投资，提升了人民生活水平；同时，科技创新和文化转型也随之发生，从手工制造到自动化生产，传统观念被现代理念所取代。

接下来，让我们深入探究工业文明在全球化进程中的深远影响。

文艺复兴

文艺复兴时期是欧洲历史上的一个重要时期，时间为 14—17 世纪。这一时期被视为欧洲从中世纪向现代的转变阶段，也是欧洲文化和艺术的繁荣时期。

在文艺复兴之前的几个世纪，社会动荡不安，经济的衰退和政治的腐败也给社会带来了极大的不稳定。在这种情况下，人们开始对宗教、社会和政治问题进行反思，这为文艺复兴的出现奠定了基础。

文艺复兴最早在意大利的佛罗伦萨出现，随后扩展到欧洲其他地区。这一时期的艺术家开始研究古希腊和古罗马文化，并将其融入自己的作品中。文艺复兴早期的绘画风格以线性透视和明暗对比为主要特点，这些技巧的运用使得绘画更加逼真和立体。

文艺复兴的高峰期出现在 16 世纪。在这个时期，艺术家的技巧和表现手法得到了极大提高。许多杰出的艺术家，如达·芬奇、米开朗琪罗、拉斐尔等，生活在这个时期。他们的作品以逼真的形象、生动的情节和细腻的技巧而著称。此外，文艺复兴时期的文学作品具有浓厚的人文主义色彩，强调个人自由、理性和个人尊严的重要性。

文艺复兴晚期，欧洲社会发生了一系列的变化。持续了许久的宗教改革和地理大发现等事件对欧洲社会产生了深远的影响。在这个时期，艺术家的创作风格开始发生变化，出现了一种更为客观和现实的表现手法，其中的代表性艺术家包括卡拉瓦乔和伦勃朗等，他们的作品以更为写实的表现手法和更加明亮的色彩为主要特点。

人文主义是文艺复兴时期的核心思想。它强调个人自由、理性和个人尊严的重要性，反对中世纪的宗教统治和封建制度的束缚。在文艺复兴时期，人们开始重新审视古希腊和古罗马文化，推崇古典文化中的人文精神。这种思潮的出现为后来的启蒙运动和思想解放奠定了基础。

文艺复兴解放了人们的思想，人们开始重视实验和观察，这促进了现代科学的兴起。伽利略、哥白尼等科学家为现代天文学和物理学的发展做出了巨大贡献。此外，达·芬奇等艺术家提出了许多具有前瞻性的科学思想和发明的设计方案。这些科技成果的取得为欧洲现代文明的发展奠定了基础。

文艺复兴时期科学的最大特点是以实验为基础，科学家通过实验观察和数据分析来验证与发展科学理论，为现代科学的发展奠定了基础。

这个时期的科学家不仅对单一学科进行研究，还开展了跨学科的研究。例如：伽利略通过对天文现象的观察和研究，为现代物理学的发展开辟了新的道路；牛顿的力学理论则将数学和物理学有机地联系在一起。这种跨学科的研究方式为科学的发展提供了新的思路和方法。

文艺复兴时期科学的迅速发展为欧洲现代科学文明的形成奠定了基础。以实验为基础的研究方法、跨学科的研究、科学与技术的结合，以及科学教育活动等，都对后来的科学发展产生了深远的影响。这些科学思想和方法的提出，不仅推动了科学理论的发展，也为技术的进步提供了强有力的支持。

工业文明拉开序幕

　　工业革命始于 18 世纪的欧洲，当时的手工艺人和家庭作坊的生产已无法满足日益增长的市场需求。在英国，一些纺织工人开始运用简单的机器（如水力纺纱机）进行生产。这标志着工业革命的开始，即以机器工业生产代替以手工技术为基础的工场手工业生产，使生产效率大幅提升。

　　18 世纪末至 19 世纪初，英国经历了工业革命的黄金时代。蒸汽机、纺织机、冶炼炉等重大发明的出现，彻底改变了人类的生产方式。在这一时期，城市化进程加速，大量农村人口涌向城市，形成了新的社会阶层。农业社会中的等级制度和封建关系逐渐被工业社会中的平等与自由原则所取代。

　　英国的工业化经验迅速传播到欧洲大陆和其他地区。19 世纪中叶，欧洲各国相继进入工业化阶段。美国的工业化进程则始于 19 世纪初。凭借丰富的资源和独特的地理优势，美国在工业化竞赛中后来居上。

　　电力、内燃机、新兴材料、通信等技术和产品的发明与应用，进一步推动了工业文明的发展。这些科技领域的突破，不仅使生产效率大幅提升，还催生了许多新兴产业，如汽车、电影、电视等。

蒸汽机的发明

　　18 世纪末，英国人詹姆斯·瓦特对蒸汽机进行了重要的改进，使得它的效率和动力都有了显著的提高。在美国，当地科学家也对蒸汽机进行了改进，使其更适合美国的工业应用。

　　早期的蒸汽机主要应用于矿井排水和纺织业。19 世纪初，美国的纺织业开始广泛应用蒸汽机，大大提高了生产效率。同时，蒸汽机还被用于铁路、运河和港口等交通运输领域。

　　在 19 世纪的大部分时间里，常规蒸汽机是主导的能源和动力来源，其原理是利用水蒸气的压力来推动活塞运动，产生动力。随着科技的发展，常规蒸汽机逐渐被更先进的蒸汽机所取代。

　　随着科技的不断进步，人们对蒸汽机的效率和动力提出了更高的要求。于是，高效的蒸汽机应运而生，其采用了更先进的汽缸结构和材料，效率和动力都有了大幅提高。

　　摩根公司成立于 19 世纪中叶，是美国的第一家铁路公司。该公司率先采用了高效的蒸汽机，使得其铁路运输更加快速和可靠（图 7.1）。

　　卡内基钢铁公司是 20 世纪初美国最大的钢铁制造商之一。该公司采用了先进的钢铁冶炼技术，并且采用了高效的蒸汽机来提供动力。这使得卡内基钢铁公司在钢铁制造业具有了巨大的竞争优势。

　　蒸汽机对人类文明进步的影响是深远的。首先，蒸汽机推动了交通运输业的发展，早期火车和轮船的主要动力来源都是蒸汽机，这使得人们的出行变得更加便捷和高效，促进了全球化进程。其次，蒸汽机推动了工业的发展，从纺织业到钢铁业，蒸汽机都是主要的能源和动力来

源。没有蒸汽机，现代工业几乎无法运转，这使得人类的生产力得到了
极大的提高，推动了社会的进步。

图 7.1　AI 创作的美国西部铁路图片（来自文心一言）

石油的开采和利用

美国在 19 世纪 50 年代开始近代石油开采工业，最早在宾夕法尼亚州。初期的石油开采主要集中在宾夕法尼亚的石油溪（Oil Creek）一带，规模较小，石油主要用于照明和润滑。

19 世纪末和 20 世纪初，随着内燃机和工业生产的快速发展，石油的需求量大幅增加，推动了石油工业的迅速发展。1859 年，埃德温·德雷克在宾夕法尼亚州钻出了世界上第一口现代油井，标志着石油时代的到来。

在两次世界大战期间，由于战争对石油的大量需求，美国的石油工业得到了快速发展。先进的石油科技和设备的应用，使得石油开采和提炼变得更加高效与安全。

在 20 世纪的大部分时间里，常规石油科技和设备是主导。利用地质学知识和钻井技术，人们可以在地层中找到并开采出石油。垂直钻井和水平钻井技术，使得在更艰难的地质环境中开采出石油成为可能。

非常规石油技术和设备的快速发展，在近年来改变了这一局面。非常规石油技术，如水力压裂和水平井钻井技术，使人们可以在页岩和深海等更艰难的地质环境中开采出石油。这些技术的应用极大地增加了美国的石油产量。

在石油开采和利用的过程中，诞生了很多大型石油企业。下面介绍其中比较出名的两家企业。

（1）标准石油公司（又称标准油公司）由约翰·洛克菲勒于 1870年创立，是历史上最成功的商业企业之一。该公司通过垂直整合和横向联合，迅速发展成为全球最大的石油公司。然而，1911 年，标准石油公司被拆分为多个独立的公司，包括现在的埃克森、雪佛龙、莫比尔等，每家公司在石油开采、提炼和营销方面都有所专长。

（2）太阳石油公司成立于 1886 年，起初是一家小型石油公司。后来，通过创新和技术突破，太阳石油公司迅速发展成为一家国际性的大型石油公司。如今，太阳石油公司已成为全球最大的上市跨国石油和能源公司之一。

石油极大推动了人类文明的进步。从汽车到飞机，从火车到轮船，石油都是主要燃料来源，石油推动了交通运输业的发展，使人们的出行更加便捷和高效，促进了全球化。此外，从化工到电力，从农业到制造业，石油都是主要的能源来源。没有石油，现代工业几乎无法运转。这使得人类的生产力得到了极大的提高，推动了社会的进步。

7.5

分工和流水线

　　分工是指不同劳动者在生产过程中负责不同的任务和环节，以提高生产效率和质量。在工业革命之前，分工主要存在于手工业中，但由于生产规模较小，分工并不十分明显。随着工业革命中机器的普及和生产规模的扩大，分工这种生产方式得到了更广泛的应用。

　　在第一次工业革命中，分工得到了初步的发展。例如，纺织业的分工逐渐细化为不同的环节，包括棉花采摘、纺织、印染和成衣制作等。这些环节由不同的工人分别完成，大大提高了生产效率和质量。到了第二次工业革命时，分工更加精细，不同的产业部门开始形成。例如，在汽车制造过程中，分工包括了发动机制造、车身制造、轮胎制造、座椅制造等众多环节，每个环节都需要专业的工人和技术来完成。

　　流水线生产方式是在第二次工业革命中出现的，它是指将生产过程划分为一系列连续的步骤，并将不同的步骤分配给不同的工人或机器来完成，以实现大规模生产。

　　流水线生产方式的兴起与分工的发展密切相关。在第二次工业革命中，随着分工的更加精细，不同的工人需要完成不同的任务和环节。为了使生产过程更加顺畅和高效，人们开始将不同的环节连接起来，形成了一条流水线。流水线上的每个工人都负责完成自己环节的任务，从而使得整个生产过程更加高效和有序。

　　流水线生产方式的出现对工业文明的发展产生了深远的影响。首先，它使得生产效率得到了极大的提高。每个工人都只负责完成自己环节的任务，因此可以更加专注于自己的工作，减少错误并提高效率。其次，流水线生产方式使得产品质量更加稳定。每个环节的工人都会对自己的工作质量进行控制，从而确保最终产品的质量更加稳定。此外，流水线生产方式还使得大规模生产成为可能，从而降低了产品的成本和价格，使得更多的人能够享受到工业产品带来的便利。

　　分工和流水线是工业文明阶段的重大创新，对提高生产效率和产品质量有巨大帮助。

7.6

工业文明和全球化

　　工业革命的兴起使得生产效率得到了极大提高，大规模的生产使得大量商品涌现。这促进了国际贸易的快速发展，各个国家开始通过贸易来交换自己所需的商品。同时，工业革命促进了资本的流动，资本家开始在全球范围内寻找投资机会，这进一步加深了各国之间的经济联系。例如，英国在工业革命后成为世界工厂，其产品销往全球各地；美国的铁路和石油产业吸引了大量欧洲资本的流入。这些国际贸易和资本流动使得世界各国之间的经济联系更加紧密。

　　工业文明的发展不仅带来了生产方式的变革，还促进了技术和文化的转型，传统的价值观念逐渐被现代观念所取代。人们的审美趣味、艺术作品的风格和社会思潮都发生了变化。现代文化更加注重个人自由、平等和进步。新的科技发明和生产方式不断涌现，使得各个国家可以相互学习和借鉴。同时，工业文明也促进了文化的传播，新的文化元素开始在全球范围内流行。例如，电影、音乐和时尚等流行文化元素在工业文明时期开始兴起，并迅速传播到全球各地。这些技术和文化的传播进一步丰富了全球化的内涵。

　　工业文明的发展促进了殖民主义的推进。随着工业化国家的崛起，这些国家开始向其他地区扩张，将自己的势力范围扩展到了全球各地。这引起了殖民地人民的反抗和民族独立运动，18 世纪的美国独立战争就推翻了英国殖民统治，还促进了各个国家民族意识的觉醒和独立。

　　自 19 世纪以来，铁路、公路、水路和航空运输业经历了多次革新，包括汽车的普及、高速公路的建设、集装箱运输和航空运输的发展等。

这些交通运输方式的革新使得货物的运输速度和运输量大大提高，成本大大降低，为全球范围内的贸易和物流提供了极大的便利。交通运输方式的革新还促进了人员的流动和文化交流，使得不同国家和地区的人们更加相互了解与交融。

工业文明的发展促进了国际组织的涌现。这些国际组织包括世界贸易组织、国际货币基金组织、世界银行、联合国等，它们在协调各国政策、促进全球经济合作、维护国际和平与安全等方面发挥了重要作用。这些国际组织的涌现也推动了全球化进程，使得不同国家和地区之间的合作和交流更加紧密与高效。

工业文明的发展促进了移民和人口流动。随着工业革命的兴起，许多人从农村迁移到城市以寻求更好的工作和生活。这种移民和人口流动不仅促进了不同国家和地区之间的文化交流，也促进了经济和社会的繁荣。同时，移民和人口流动带来了一些社会和文化问题，如文化冲突、社会融合等，这些问题需要全球社会共同努力解决。

第 **二** 篇

数字文明简史

第 八 章

半导体芯片简史

在现代科技的璀璨星空中，半导体芯片无疑是一颗最为耀眼的明星。它宛如一位神奇的魔法师，以微小的身躯掌控着庞大的电子世界，为人类社会带来了翻天覆地的变化。

半导体材料的发现之旅，宛如一部波澜壮阔的史诗，从最初的偶然发现，到不断深入的研究，科学家们的努力为现代科技的发展注入了强大的动力。

随着人们对半导体材料的深入了解，晶体管应运而生，引发了电子工业的一场革命。

集成电路的出现，则开启了一个全新的时代。集成电路将多个电子元器件集成到一个半导体芯片上，使电子设备实现了小型化、高效化和高可靠性。从军事和航天领域的应用，到个人计算机时代的来临，集成电路的影响力与日俱增。

英特尔的崛起，更是开启了微处理器时代，为计算机行业带来了革命性的变革；ASML 公司在光刻机领域的创新，为芯片制造的精度提升立下了汗马功劳；台积电首创的芯片代工模式，犹如一场产业分工的革命，为半导体行业带来了新的发展机遇；英伟达凭借其在 GPU 领域的卓越成就，为 AI 的发展提供了强大的基础能力。

而摩尔定律，作为半导体产业的重要指引，过去几十年推动了行业的飞速发展，如今，也面临着后摩尔时代的挑战与机遇。

接下来，让我们更深入地探究半导体芯片发展历程中的精彩细节和未来的无限可能。

8.1

半导体材料的发现

1833 年，英国科学家法拉第在研究电解定律时，首次发现硫化银具有半导体的性质。随着温度的变化，这种金属化合物的电阻率会发生显著的变化，因此被归类为半导体。这一发现为半导体材料的研究拉开了序幕。

1873 年，德国科学家西门子在研究金属的电阻时，发现了硒具有半导体的性质。硒是非金属，其电阻率比金属的大得多，但是又比绝缘体的小，因此被归为半导体。这一发现进一步拓宽了半导体材料的范围。

有很多材料具有半导体的特性，下面简单介绍其中的几种。

（1）硅是地球上储量最丰富的元素之一，同时也是集成电路和太阳电池等中应用最广泛的半导体材料。1811 年，盖 - 吕萨克和泰纳尔首次制得不纯的无定形硅。据说，1919 年，赫尔曼·斯托尔首次发现硅的半导体性质。

（2）锗是一种稀有金属，具有高导热性和低衰减率等特点，被用于制造高效率的太阳电池和红外光学器件。锗的发现可以追溯到 1886 年，德国化学家温克勒从矿石中分离出了锗。

（3）砷化镓和磷化铟都是 III - V 族化合物半导体材料，都具有高电子迁移率和直接带隙等优点，并被广泛应用于高速集成电路、光电子器件和微波器件等产品中。砷化镓的发现可以追溯到 1928 年，当时挪威地球化学家戈尔德施密特首次合成了砷化镓。然而，真正将砷化镓带入半导体材料主流的是贝尔实验室的肖克利团队。他们在 20 世纪 60 年代对砷化镓的性质和应用进行了深入研究，并成功地开发出了第一个砷化镓晶体管，这一成果使得砷化镓成为了化合物半导体的代表材料之一。

　　半导体材料的发现和其相关技术的进步是现代科学技术发展的里程碑之一。自 20 世纪初以来，半导体材料经历了从硫化银、硒，到硅、锗和化合物半导体材料等多个阶段的发展。这些材料以其独特的电子和光学性质在电子工业、信息技术、能源和光电子等领域得到了广泛应用。

8.2

晶体管的发明

晶体管是现代电子工业和信息技术的基础，它的发现和制造是电子工业的一次革命。晶体管是由美国贝尔实验室的科学家在 20 世纪 40 年代发明的，晶体管的发明者（图 8.1）包括约翰·巴丁、沃尔特·布拉顿和威廉·肖克利（又译为威廉·肖克莱），他们获得了 1956 年的诺贝尔物理学奖。

（a）约翰·巴丁　　（b）沃尔特·布拉顿　　（c）威廉·肖克利

图 8.1　晶体管的发明者

在晶体管之前，电子管是主要的电子器件之一，但是电子管存在许多缺陷，如功耗高、使用寿命短、制造困难等。1945 年秋天，贝尔实验室成立了以肖克利为首的半导体研究小组，成员有布拉顿、巴丁等。布拉顿早在 1929 年就开始在这个实验室工作，长期从事半导体的研究，积累了丰富的经验。他们经过一系列的实验和观察，逐步认识到半导体中电流放大效应产生的原因。布拉顿发现，在锗片的底面接上电极，在另一面插上细针并通上电流，使另一根细针尽量靠近它，并通上微弱的电流，这样就会使原来的电流产生很大的变化。微弱电流的少量变化，会对其他电流产生很大的影响，这就是"放大"作用。

布拉顿等人还想出了有效的办法来实现这种放大效应。他们在晶体管的发射极和基极之间输入一个弱信号，这个信号在集电极和基极之间的输出端会放大为一个强信号。在现代电子产品中，晶体管的放大效应得到了广泛应用。晶体管的工作原理如图 8.2 所示。

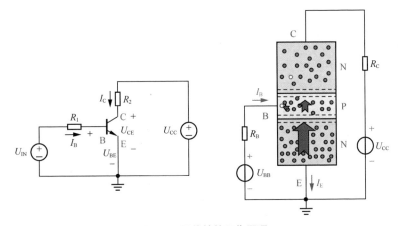

图 8.2　晶体管的工作原理

巴丁和布拉顿最初制成的固体器件的放大倍数为 50 左右。不久之后，他们利用两个靠得很近（相距 0.05mm）的触须一般的接点来代替金箔接点，制造了点接触型晶体管。1947 年 12 月，这种世界上最早的实用半导体器件（图 8.3）终于问世了，在首次试验时，它能把音频信号放大 100 倍，它的外形比火柴棍短，但更粗一些。

在为这种器件命名时，布拉顿想到了它的电阻变换特性，即它是靠一种从"低电阻输入"到"高电阻输出"的转移电流来工作的，于是取名为 trans-resistor（转换电阻），后来简写为 transistor，即晶体管。

图 8.3　世界上第一只晶体管

点接触型晶体管制造工艺复杂，因而容易出现故障，此外，还存在噪声大、当功率大时难以控制、适用范围窄等缺点。为了克服这些问题，肖克利提出了用一种"整流结"来代替金属半导体接点的大胆设想。半导体研究小组又提出了这种半导体器件的工作原理。1950 年，第一只 PN 结型晶体管问世了，它的性能与肖克利原来设想的完全一致。

1954 年，贝尔实验室研制出了世界上第一台全晶体管计算机——TRADIC，它装有 800 只晶体管，功率只有 100W，体积仅有 3ft^3（立方英尺，$1\text{ft}^3 \approx 0.0283\text{m}^3$）。1955 年，美国在阿特拉斯洲际导弹上装备了以晶体管为主要器件的小型计算机。IBM 公司向各地 IBM 工厂和实验室发出指令："从 1956 年 10 月 1 日起，我们将不再设计使用电子管的机器，所有的计算机和打卡机都要实现晶体管化。"

1958 年，美国无线电公司（RCA）制成了第一台全部使用晶体管的计算机 RCA501 型。由于采用了晶体管逻辑器件和快速磁芯存储器，其计算速度得到了大幅提高，从几千次 / 秒提高到几十万次 / 秒，主存储器的容量从几千字节提高到 10 万字节以上。

1959 年，IBM 公司也生产出全部晶体管化的电子计算机 IBM7090，淘汰了诞生不过一年的 IBM709 电子管计算机。IBM7090 在 1960—

1964 年一直统治着科学计算领域，并作为第二代电子计算机的典型代表，永载计算机发展的史册。

　　晶体管的出现使得人们能够将电子元器件缩小到原子级别，为集成电路的诞生创造了可能。总之，晶体管的发现和制造是电子工业的一次革命，它开启了固体电子器件的新时代。晶体管的制造和应用不仅推动了电子工业的发展，也促进了信息、通信、自动化控制等技术的发展。

8.3

集成电路的发明

自 20 世纪 50 年代初诞生以来，集成电路极大地改变了我们的世界。从通信到医疗，从娱乐到工业生产，集成电路的应用无处不在。

1958 年是集成电路历史上一个重要的年份。这一年，美国德州仪器公司的杰克·基尔比和仙童半导体公司的罗伯特·诺伊斯分别独立发明了集成电路。

1958 年，德州仪器公司的基尔比首先实现了将多个电子元器件集成到一个半导体芯片上的突破（图 8.4）。这一创造性的发明被视为集成电路的起源，也为德州仪器公司打开了新的商业领域，同时为消费电子产品的发展铺平了道路。

图 8.4　基尔比发明的第一块集成电路

同一年，仙童半导体公司的诺伊斯也独立发明了集成电路。他的工作为后续的集成电路研究和发展奠定了基础。诺伊斯的发明对电子设备的小型化、高效化和可靠性产生了深远影响，为仙童半导体公司和整个半导体行业的发展奠定了基础。

随着集成电路技术的不断完善，越来越多的公司开始涉足这一新兴领域。从 20 世纪 60 年代初开始，包括德州仪器公司、仙童半导体公司、美国无线电公司和摩托罗拉公司在内的众多企业开始生产集成电路。这一时期的集成电路主要用于军事和航天领域，因为其具有可靠性高、体积小和功耗低等特点，逐渐得到了广泛应用。

随着集成电路技术的不断发展，个人计算机时代来临。苹果公司生产的 Macintosh 和 IBM 公司生产的个人计算机成为这一时代的代表产品。这些计算机中采用了大量的集成电路，包括微处理器、内存芯片和各种接口芯片等。个人计算机的出现使得更多人能够接触和使用计算机，推动了信息时代的到来。

8.4

英特尔公司的崛起

在当今的高科技世界中，微处理器是人们日常生活中不可或缺的一部分。然而，微处理器的诞生并不是一蹴而就的，它的发明和发展经历了多个阶段，其中最具标志性的产品就是英特尔公司于 1971 年研制的第一个微处理器——4004。

英特尔公司的创始人诺伊斯和戈登·摩尔在创建英特尔公司之前，曾在仙童半导体公司工作。20 世纪 60 年代末，他们看到了集成电路技术的巨大潜力，于是离开仙童半导体公司，创立了自己的公司——英特尔。

在英特尔公司创立的初期，其业务主要集中在动态随机存储器的生产上。而随着个人计算机时代的到来，中央处理器（CPU）的需求开始逐渐增长。诺伊斯和摩尔意识到，CPU 将成为未来的核心组件，于是决定将英特尔公司的业务转向 CPU 的生产。

20 世纪 70 年代初，英特尔公司推出了其第一个具有 CPU 功能的微处理器——4004。这款微处理器是英特尔公司的历史性产品，它标志着微处理器时代的开始。4004 采用了集成电路技术，将多个电子元器件集成在一块芯片上（图 8.5），使计算机的计算能力大大提高，同时体积大大减小。

4004 的推出使英特尔公司获得了巨大的商业成功，也为整个计算机行业带来了革命性的变革。从此以后，计算机不再是一台庞大而昂贵的设备，而是一台可以安装在个人桌面上的小型、平价的设备。

图 8.5 4004 芯片

尽管 4004 的出现给计算机行业带来了革命性的变革，但英特尔公司并没有停下脚步，而是继续投入大量资源进行研发，并在后续的几年中不断推出新的微处理器型号，如 8008、8080 等。这些产品在性能和功能上不断改进与增强，使得英特尔公司逐渐成为了全球最大的微处理器制造商之一。

除了微处理器的制造，英特尔公司在计算机内存和接口技术等方面也有着出色的表现。20 世纪 70 年代末，英特尔公司推出了第一个商用可编程逻辑阵列，这是一种可以将多个逻辑门组合在一起的可编程芯片，使计算机内存的设计变得更加灵活和高效。同时，英特尔公司推出了各种计算机接口技术，如可擦可编程只读存储器、电擦除可编程只读存储器等，为计算机与其他设备的交互提供了方便。

总之，英特尔公司在微处理器领域的成功得益于其创始人的远见卓识、公司强大的研发实力和与微软等公司的紧密合作。4004 的发明不仅改变了计算机行业的发展方向，也影响了人们今天的生活方式。未来，英特尔公司将继续引领计算机技术的发展潮流，为人类社会的进步做出更大的贡献。

8.5

光刻机和 ASML 公司

光刻机将设计好的电路图形通过光束（一般为紫外光）投影到硅片表面，再经过曝光、显影等工艺，转移到硅片上。光刻技术的水平直接决定了芯片制造的精度和良率，因此光刻机一直是芯片制造的关键设备之一。

小规模集成电路时期最主要的光刻技术是接触式光刻技术，出现在 20 世纪 60 年代。接触式光刻技术中掩模版与晶圆表面的光刻胶直接接触，一次曝光整个衬底，掩模版图形与晶圆图形的尺寸关系是 1∶1，分辨率可达亚微米级。接触式光刻技术可以减小光的衍射效应，但在接触过程中晶圆与掩模版之间的摩擦容易形成划痕，产生颗粒沾污，降低了晶圆良率，缩短了掩模版的使用寿命，需要经常更换掩模版，故接近式光刻技术得以引入。

接近式光刻技术广泛应用于 20 世纪 70 年代。接近式光刻技术中的掩模版与晶圆表面的光刻胶并未直接接触，留有被氮气填充的间隙。其最小分辨率与间隙的关系是，间隙越小，分辨率越高。其缺点是掩模版和晶圆之间的距离会导致光产生衍射效应，因此其空间分辨率极限约为 2μm。随着特征尺寸的缩小，出现了投影光刻技术。

投影光刻技术出现在 20 世纪 70 年代中后期，基于远场傅里叶光学成像原理，在掩模版和光刻胶之间采用了具有缩小倍率的投影成像物镜，有效提高了分辨率。早期掩模版与衬底图形尺寸比为 1∶1。随着集成电路尺寸的不断缩小，出现了缩小倍率的步进重复光刻机。

步进重复光刻机在光刻时掩模版固定不动，晶圆步进运动，完成全部曝光工作。随着集成电路集成度的不断提高，芯片面积变大，要求一次曝光的面积增大，促使更为先进的步进扫描光刻机问世。目前步进重复光刻机主要应用于 0.25μm 以上工艺及先进封装领域。步进扫描光刻机采用动态扫描方式，掩模版相对晶圆同步完成扫描运动，完成当前曝光后，至下一步扫描场位置，继续进行重复曝光，直到整个晶圆曝光完毕。从 0.18μm 工艺节点开始，硅基底互补金属氧化物半导体（Complementary Metal Oxide Semiconductor，CMOS）工艺大量采用步进扫描光刻机，7nm 以下工艺节点使用的极紫外（Extreme-Ultraviolet，EUV）光刻机采用的也是步进扫描方式。

荷兰的 ASML 公司的一部分前身是 ASM，这是一家从事半导体设备制造的科技公司；而另一部分前身是飞利浦。当时，飞利浦品牌家喻户晓，该公司专注于电路技术研发，并没有自造光刻机的想法。但在一次内部定期会议中，飞利浦公司的半导体和材料部与前沿技术研发实验室的技术团队就凭借掩模技术的先进性是否能生产芯片而争吵起来，随后双方决定——合作制造一台光刻机。

1967 年，该技术团队首次在飞利浦公司内部展示了六镜头重复曝光光刻机的原型，实现了飞利浦公司在光刻机领域零的突破。但是公司高层并不看好这一设备的商业前景，因此光刻机研发工作停滞不前。1980 年前后，飞利浦公司遇到经营危机，管理人员希望放弃非核心业务，包括光刻机业务，他们力争把这项业务卖给领先的美国公司，或是卖给崛起中的日本光刻机公司。

当时，ASM 公司一直希望和飞利浦公司合作。1984 年，经过漫长的谈判，光刻机业务部门从飞利浦公司中独立出来，与 ASM 公司合资成立了 ASML 公司。2004 年，ASML 公司和中国台湾积体电路制造股份有限公司（以下简称台积电公司）共同研发出第一台浸润式微影光刻机，该光刻机因具有优秀的性能和稳定的技术，波长达 132nm，获得了业内人士的关注。

浸润式光刻是以一种液体充满光刻机投影镜头与半导体硅片之间的空间，从而获得更好的分辨率及增大镜头的孔径，进而实现更小曝光尺寸的新型光刻技术。浸润式微影光刻机可以达到约 38nm 的分辨率。结合 7nm 芯片的特点和多重曝光技术，即使只有 38nm 的最小分辨率，浸润式微影光刻机仍然可以制造 7nm 的芯片。但需要注意的是，每增加一次曝光，其成本几乎要翻倍。考虑到良率等因素，采用多重曝光技术后的芯片成本会大大提高，因此，需要一种更先进的光刻技术将制程推进到 7nm 以下。

随着芯片制造技术的不断发展，传统的深紫外光刻机已经无法满足更精细的制程需求，因此，研发新一代的光刻机成为行业内的迫切需求。在这个背景下，ASML 公司再次引领技术创新，成功研发出了新一代的光刻机——极紫外（EUV）光刻机。光刻技术的演进如图 8.6 所示。

图 8.6 光刻技术的演进

极紫外光刻机使用极紫外光源，能够制造出更小、更高精度的芯片。它的研发涉及一系列复杂的技术难题，包括光源的研发、反射镜的设计和制造、光刻胶的研发，以及对环境和设备的苛刻要求等。极紫外光刻机采用的极紫外光的波长为 10 ～ 14nm。

极紫外光刻机具有以下几个特点。

（1）极紫外光波长范围内的光子能量非常高，因此需要使用高能量、高稳定性的光源。目前，常用的极紫外光源是锡原子激光束，通过激发锡原子使其辐射出特定波长的极紫外光。但是，这种光源的能量密度非常高，需要使用大量的冷却水来防止设备过热。此外，锡原子激光束的稳定性需要进一步提高。

（2）极紫外光刻机需要使用反射镜将光源的光线反射到硅片上。极紫外光对物质具有极高的透射率，因此反射镜需要具有极高的反射率，其设计和制造难度非常大，需要使用先进的材料和加工技术来保证精度与稳定性。此外，反射镜的表面需要进行特殊的涂层处理，以提高反射率并减少光线的吸收。

（3）与传统的光刻胶不同，极紫外光刻胶需要具有更高的灵敏度和精度。极紫外光光子的能量非常高，因此需要使用高分子材料作为光刻胶的基础。此外，为了提高芯片的性能和可靠性，光刻胶需要具有抗静电、耐高温和低缺陷等特性。因此，光刻胶的研发需要不断进行配方优化和改进，以提高其性能和稳定性。

（4）极紫外光刻机对环境和设备的苛刻要求也是其技术难点之一。为了确保制程中的稳定性和精度，极紫外光刻机需要使用超高真空技术来消除空气对光刻胶的影响。此外，极紫外光刻机需要使用先进的冷却系统来控制设备的温度和湿度，以避免对设备和硅片造成影响。

ASML 等公司在该领域的持续创新和技术突破，使得极紫外光刻机得以成为现代芯片制造中的重要工具之一。图 8.7 所示为 ASML 公司的极紫外光刻机。极紫外光刻机出现之后，摩尔定律被进一步强化，半导体芯片的最小工艺尺寸有希望推进到 1nm 左右。

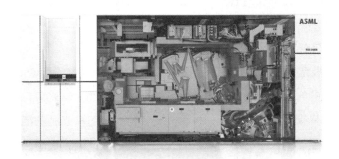

图 8.7　ASML 公司的极紫外光刻机

8.6

台积电公司和芯片代工

在当今的高科技世界中，半导体制造已成为推动信息科技和 AI 发展的关键力量。在这个领域，台积电公司以其卓越的技术实力和全球领先的半导体代工业务，成为了行业的佼佼者。

台积电公司由张忠谋博士于 1987 年创建，总部位于中国台湾的新竹科学园区。在成立之初，台积电公司就明确了专注于半导体制造的策略。通过不断创新和发展，目前它已成为全球最大的半导体代工厂商。

台积电公司主要为客户提供晶圆代工制造服务（图 8.8），它不设计和制造自己的芯片，而是与芯片设计公司、半导体厂商和科研机构等进行合作，为其提供制造上的支持。这种轻资产、高效率的模式使得台积电公司能够灵活应对市场变化，并实现资产的稳健增长。

图 8.8　台积电公司生产过程中的晶圆

台积电公司在半导体制造技术方面积累了丰富的经验。从 20 世纪 80 年代的 1μm 制程技术开始，它一路领跑，不断推动半导体工艺的前进。进入 20 世纪 90 年代后，台积电公司又相继研发出 0.25μm、0.18μm、0.15μm 等先进的制程技术。进入 21 世纪后，它又率先量产了 65nm、40nm、28nm 等节点。目前，台积电公司已经在 3nm 制程技术上取得了突破，并已经开始为客户提供相关服务。

在台积电公司的发展历程中，有许多具有重大意义的历史性时刻。

（1）1996 年：当时全球最大的半导体制造商是英特尔，但 1996 年其经营者安迪·格鲁夫决定将一部分芯片制造业务委托给外部厂商，这一决定直接催生了包括台积电公司在内的晶圆代工市场。

（2）1997 年：台积电公司当时还是一家初创公司，凭借独创的晶圆代工商业模式获得了日本富士通公司的订单，成功进入商业化运营阶段。

（3）2002 年：台积电公司率先在全球范围内推广 6in（英寸，1in ≈ 2.54cm）晶圆制造服务，并成功实现了商业化生产，直接推动了半导体制造技术的快速发展。

（4）2018 年：台积电公司宣布成功研发出 7nm 制程技术，并开始为客户提供相关服务。这一技术的推出直接推动了移动设备处理器性能和能效的提升。

（5）2021 年：台积电公司宣布其 3nm 制程技术研发成功，并已经开始进入试产阶段。这一技术的推出将为未来的智能设备提供更强大的性能和更高的能效。

在长达 30 余年的发展历程中，台积电公司从一个创业公司逐渐成长为全球最大的半导体代工厂商，这背后离不开其敏锐的市场洞察力、持续的技术创新和对客户需求的深入了解。

台积电首创的芯片代工模式使得芯片设计公司和代工厂之间可以更好地进行产业分工与合作，使整个产业链更加高效、专业和协同，有利于推动整个产业的快速发展。

英伟达公司和 GPU

在当今的高科技世界中，半导体技术已经成为了推动信息科技和 AI 发展的关键力量。在这个领域中，英伟达公司作为全球领先的图形处理单元（Graphics Processing Unit，GPU）制造商，扮演着至关重要的角色。

英伟达公司由美籍华人黄仁勋与另两人于 1993 年创立。早期，该公司专注于个人计算机图形芯片的研发。当时，个人计算机图形芯片市场主要由英特尔和 AMD 等公司占据，市场竞争激烈。

1999 年，英伟达公司推出了其首款图形芯片 GeForce 256。这款芯片采用了全新的 GPU 架构，大大提高了图形渲染的速度和质量。自此，英伟达公司开始在 GPU 市场上崭露头角，之后推出了一系列具有创新性的产品和技术，如计算统一设备体系结构（Compute Unified Device Architecture，CUDA）、Quadro 专业图形解决方案、Tesla 高性能计算解决方案等（图 8.9）。

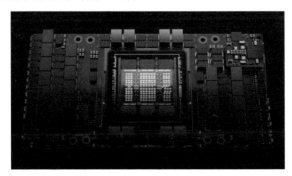

图 8.9　英伟达公司的 H100 GPU

自 1999 年推出第一款 GPU 以来，英伟达公司一直保持着对 GPU 技术的领先地位，先后推出了一系列具有创新性的 GPU 架构和技术，如 CUDA、DirectX 和 OpenGL 等，使 GPU 不仅在图形渲染方面表现出色，还在科学计算、AI 等领域展现出了强大的计算能力。

　　随着 AI 技术的不断发展，英伟达公司的 GPU 在深度学习、机器学习等领域的应用逐渐受到关注。GPU 具有强大的并行计算能力，它可以加快深度学习算法的训练过程。2005 年，斯坦福大学的研究员吴恩达等人利用 GPU 加快深度神经网络的训练，成功地训练出了大规模的深度神经网络模型。这一成果引起了广泛关注，并推动了深度学习领域的发展。

　　Tensor Core 是英伟达公司对 AI 工作负载进行优化的核心，它通过在原本用于渲染的 CUDA 核心上增加额外的数学运算能力，实现了针对张量计算的优化。Tensor Core 主要应用于深度学习模型的推理阶段，它能够提供高精度的张量运算，并针对矩阵乘法和全连接层进行优化，使得模型的推理速度更快。

　　英伟达作为全球领先的 GPU 制造商，不仅在 GPU 技术和市场方面取得了巨大的成功，还在 AI 领域进行了积极的探索和创新，并随着 AGI 的发展而成为人类历史上第一家市值超过一万亿美元的半导体芯片公司。

摩尔定律的过去和未来

摩尔定律是半导体产业的基本定律，也是过去几十年电子设备发展的驱动力。它是由英特尔公司的创始人摩尔在 1965 年提出的，他预测半导体集成电路上可容纳的晶体管数目每 18 到 24 个月便会增加一倍，同时性能提升一倍，价格降为之前的一半。图 8.10 所示为英特尔公司早期 CPU 上的晶体管数量，从中可以看出其符合摩尔定律。

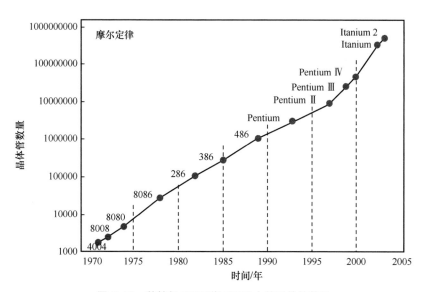

图 8.10　英特尔公司早期 CPU 上的晶体管数量

摩尔定律的提出源于摩尔对半导体制造工艺的深入理解和敏锐洞察。在他的预测中，半导体芯片上晶体管数量的增加将伴随晶体管尺寸的缩小，从而提高芯片的性能和能效。这一预测在随后的发展中得到了验证，并引领了电子设备的快速更新和发展。

摩尔定律的出现对电子设备产业产生了深远影响。在它的推动下，计算机从大型机和小型机发展到了个人计算机，并进一步演变成了便携式设备和智能手机等。同时，摩尔定律引领了 AI、云计算和物联网等新兴技术的发展。

然而，随着半导体制造工艺的不断进步，摩尔定律正面临着技术挑战。由于晶体管尺寸缩小带来的性能提升逐渐达到极限，且物理极限（如量子效应等）开始影响芯片性能，摩尔定律的延续面临着巨大困难。

为了延续摩尔定律的生命周期，新型芯片设计（如异质集成、三维芯片和神经网络处理器等）开始涌现。这些设计通过在芯片架构和材料等方面的创新，以实现更高的性能和能效。

为了克服物理限制并继续提高芯片性能，未来科研人员将聚焦于突破传统计算范式。这可能涉及量子计算、自旋电子学、纳米线和其他新颖的计算技术。这些技术有可能颠覆我们对计算和信息处理的理解，并引领新一轮的半导体产业革命。

随着半导体技术的发展，我们正进入一个后摩尔时代。在这个时代，提高芯片性能不再仅仅依靠缩小晶体管尺寸，而是转向芯片架构和算法的优化。例如，通过采用更先进的缓存和内存系统，可以提高数据处理速度和减少能源消耗。此外，通过应用新的算法和编程模型，我们将能够更好地利用硬件资源，以提高计算效率和性能。未来，随着突破性计算技术和优化策略的出现，我们有望见证半导体产业的进一步繁荣和创新。同时，这将为 AI、物联网和云计算等新兴技术提供更强大的驱动力，推动全球科技的不断进步。

第 九 章

计算机简史

在科技的浩瀚长河中，计算机不断改变着人类社会的面貌。在计算机的发展历程中，帕斯卡、莱布尼茨、巴贝奇等人先后做出重大贡献。到第二次世界大战期间，计算机在密码学、弹道学、导弹制导、飞机设计和军事指挥等众多领域发挥了关键作用。

　　现代计算机拥有一套复杂而精妙的基本结构。通过各部件的协同工作，计算机能够完成各种复杂的任务。

　　计算机操作系统则如同一位出色的管家，管理着硬件、软件和用户的交互。它包括进程管理、内存管理、文件系统、设备管理和用户接口等核心技术，为用户提供了便捷的操作环境。

　　计算机与数学有着紧密的联系。二进制的发明为计算机处理信息奠定了基础，而逻辑代数、数据结构和算法、离散数学、概率论等数学分支则为计算机科学提供了强大的理论支持。

　　半导体芯片的发展更是为现代计算机注入了强大的动力。从集成电路的出现到处理器的不断发展，从图形处理器的兴起到多核处理器的应用，再到量子计算的探索，半导体芯片的每一次突破都推动着计算机技术的飞跃。

　　随着 AI 概念的兴起，超级计算机的出现满足了人们大规模数据处理和复杂计算的需求。

　　接下来，让我们更深入地探究计算机发展历程中的更多精彩细节和前沿技术。

9.1

机械式计算机

1642 年，法国数学家布莱兹·帕斯卡发明了一台计算机器，这是世界上第一台机械式计算机。帕斯卡当时年仅 19 岁，他发明这台机器是为了将自己当税务官的父亲从繁重的计算工作中解脱出来。这台计算机器不仅蕴含着帕斯卡的智慧，还体现了他对家人的深深关爱。

帕斯卡的这台计算机器的设计原理是利用齿轮的转动来实现加减法计算，其基本结构包括一组齿轮，每个齿轮上刻有从 0 到 9 的 10 个数字，从右边数第一个齿轮表示个位，第二个齿轮表示十位，依此类推。要进行加法计算时，需要先在机器的齿轮上拨出一个数字，再按照第二个数字在相应的齿轮上拨出对应的数字，通过齿轮的转动实现加法计算。如果某一位上的数字之和大于 9，则机器会自动通过齿轮进位。某一位的齿轮正好转动一圈后，才会自动迫使下一位的齿轮正好转动一个数字，最后计算所得的结果在加法器面板的读数窗口中显示。

1673 年，德国数学家戈特弗里德·莱布尼茨发明了一种新型计算机，该计算机的内部安装了一系列齿轮机构，体积更大，但基本原理基于帕斯卡的加法器。他发明了一种被称为"莱布尼茨轮"的装置，把刻度拨到多少，齿轮就转多少个齿，实现了数据输入的功能。这种计算机不仅能进行普通的加减法计算，还能计算结果在 10^{16} 以内的乘除法。莱布尼茨计算机的设计思想一直延续到 1948 年，在此之前的机械式计算机中都还能看到它的影子。

英国发明家查尔斯·巴贝奇在 19 世纪发明的差分机（图 9.1）被誉

为机械式计算机的"王者"。差分机的发明过程十分曲折，历经多次失败，最终还是未能投入实用。同时代的瑞典人佩尔·舒茨在借鉴巴贝奇的设计之后，最终造出了支持 5 位数、3 次差分的差分机。虽然巴贝奇作为差分机的鼻祖没有留下实际可用的机器，但差分机的设计理念对后来的计算机设计产生了深远的影响。

图 9.1　差分机

9.2

计算机的崛起

在第二次世界大战爆发之前，计算机还只是理论上的概念，并未真正投入实际使用。随着战争的蔓延，大量的计算和数据处理成为必要的工作，特别是在军事领域，需要更快速、更准确的计算以支持战争的规划和执行。这就催生了计算机技术的发展和应用。

第一台通用计算机 ENIAC（图 9.2）诞生于 1946 年 2 月 14 日的美国宾夕法尼亚大学。ENIAC 长 30.48m，宽 6m，高 2.4m，占地面积约 170m²，有 30 个操作台，重达 30t，功率 150kW，耗资 48 万美元。它包含了 17468 只真空管（电子管），7200 只晶体二极管，70000 个电阻器，10000 个电容器，1500 个继电器，6000 多个开关。其计算速度是每秒 5000 次加法或 400 次乘法，是使用继电器运转的机电式计算机的 1000 倍、手工计算的 20 万倍。

图 9.2　ENIAC

在第二次世界大战期间，计算机在多个领域中发挥了关键作用。

（1）密码学成为计算机应用的一个重要领域，通过复杂的编码和解码过程，可以确保重要的军事信息不外泄。德国的恩尼格玛密码机是第二次世界大战中最复杂、最安全的密码机之一。然而，英国和美国的密码学家通过智慧和努力，成功破解了恩尼格玛密码。其中，英国的图灵机发挥了关键作用。图灵机是计算机历史上的一个里程碑，它的设计者艾伦·图灵被尊为计算机科学的先驱之一。

（2）计算机还在弹道学、导弹制导和飞机设计等领域发挥了重要作用。例如，德国的 V-2 导弹和美国的 B-29 轰炸机都得益于计算机在设计与性能测试中的应用。其中，B-29 轰炸机的设计甚至影响到了后来原子弹的投放，而原子弹的投放直接促成了第二次世界大战的结束。

（3）军事指挥和控制也是计算机应用的重要领域。例如，美国的半自动地面防空系统（Semi-Automatic Ground Environment，SAGE）是计算机历史上最早的联网系统之一，它用于跟踪敌方飞机并指挥防空力量。这是今天互联网的重要基础。

可见，计算机在第二次世界大战中扮演了关键角色，不仅在密码学、弹道学、导弹制导、飞机设计和军事指挥等方面得到了广泛应用，还为促成战争的胜利做出了重要贡献。同时，计算机推动了计算机科技的发展，成为科技史上一个重要的里程碑。

9.3

现代计算机的基本结构

计算机是一种复杂的电子设备，现代计算机的基本结构如图9.3所示。

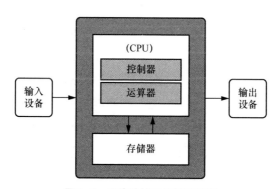

图9.3 现代计算机的基本结构

（1）控制器：规定指令的执行顺序，生成控制命令，控制运算器、存储器和其他部件的运行。

（2）运算器：执行各种算术运算和逻辑操作。它常与控制器一起被设计，二者合称为中央处理器（CPU）。

（3）存储器：用于长期存储数据的设备，可以分为外部存储器和内部存储器。外部存储器有硬盘、U盘、光盘等，内部存储器有固态硬盘等。

（4）输入输出设备：用于与计算机进行交互。常见的输入设备包括鼠标、键盘、触摸屏、触摸板、手写笔、声音识别系统等，常见的输出设备包括显示器、打印机、绘图机等。

除了以上几个主要部件外，计算机还包括其他许多部件，如电源、散热器、总线、插槽等。

　　计算机的工作过程可以分为以下几个步骤。

　　（1）准备阶段：启动计算机时，首先需要加载操作系统，如Windows、Linux 等。操作系统负责管理和分配计算机的各种资源，包括 CPU、内存、输入输出设备和存储器等。

　　（2）执行阶段：准备阶段完成后，用户可以通过输入输出设备向计算机发送指令和数据。这些指令和数据被加载到内存中，并由 CPU 执行相应的操作。CPU 执行指令时会将结果存储在内存中，并等待用户输入下一条指令。

　　（3）数据处理阶段：当 CPU 执行指令时，需要将数据从内存传输到 CPU 中进行处理。处理完成后，数据会被送回内存。CPU 可以执行一些算术运算和逻辑运算等操作。

　　（4）存储阶段：当需要保存数据时，CPU 将指令和数据从内存中读取出来并存入存储器中。存储器分为内部存储器和外部存储器，内部存储器一般用于存储运行中的程序和数据，而外部存储器用于长期保存数据。

　　（5）结束阶段：当需要关闭计算机时，操作系统会先将所有运行的程序和数据保存到存储器中，再关闭计算机。下次启动计算机时，操作系统会从存储器中读取数据并加载到内存中，以便继续执行未完成的程序。

　　总之，现代计算机主要由存储器、运算器、控制器、输入输出设备组成。通过这些部件的协同工作，计算机可以完成各种复杂任务并为用户提供方便快捷的服务。

9.4
计算机操作系统

在计算机发展的早期，程序员需要直接与硬件进行交互以运行程序。随着时间的推移，人们意识到，通过使用操作系统可以对硬件的功能进行抽象，使程序的开发和运行更加简便。

操作系统是计算机系统的核心组件，负责管理和协调计算机硬件与软件资源。它提供了用户接口，并负责管理用户与计算机的交互，同时负责处理硬件和软件的请求，以及调度各种系统资源。计算机操作系统的基本结构如图 9.4 所示。

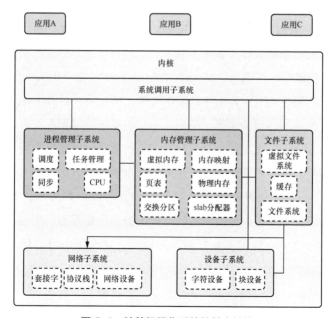

图 9.4　计算机操作系统的基本结构

操作系统的核心技术包括以下几种。

（1）进程管理：操作系统中的进程是对计算机中的运行程序的抽象，进程管理包括进程的创建、结束、挂起、恢复等。操作系统通过管理进程来满足用户或应用程序的需求。

（2）内存管理：用于管理和优化计算机内存的使用，包括对内存的分配、释放、移动和保护等。

（3）文件系统：用于组织和管理计算机中的数据，负责数据的存储、检索、删除和保护，以及提供用户对文件和目录的访问权限。

（4）设备管理：用于控制和管理计算机硬件设备，包括设备的初始化、使用、释放和错误处理等。

（5）用户接口：为用户提供接口，包括命令行接口、图形用户界面（Graphical User Interface，GUI）和其他各种交互方式，使用户可以与计算机进行交互。

在计算机操作系统的发展历史中，有几个重要的操作系统，它们在不同的时期和领域发挥了重要作用。

（1）磁盘操作系统（Disk Operating System，DOS）是 IBM 公司于 1981 年推出的个人计算机操作系统。它是第一种被广泛使用的操作系统，具有划时代的意义。IBM DOS 的推出使得程序员可以更加便捷地进行程序的开发与维护。这种操作系统具有很多基本功能，如文件管理、内存管理等，并支持批处理文件和命令行接口。

（2）Windows 是由微软公司开发的图形用户界面操作系统。它于 1985 年首次发布，是操作系统历史上的一个里程碑。相比于早期的 DOS，Windows 提供了友好的用户界面，使得用户可以更加直观地进行操作。Windows 可以运行在多种硬件平台上，如 x86、ARM 等，并拥有广泛的应用领域，如家庭、办公、工业等。

（3）UNIX 是一种多用户、多任务的操作系统，最早于 20 世纪 60

年代由贝尔实验室开发。它的设计具有很高的灵活性，可以被广泛地应用于各种不同的领域，包括服务器、超级计算机等。UNIX 的源码是公开的，这也使它成为了学术界和开源社区的重要参考。

（4）Linux 是由芬兰籍计算机科学家林纳斯·托瓦尔兹于 1991 年首次发布的自由和开放源码的操作系统。Linux 的推出是开源运动的重要里程碑，同时推动了操作系统技术的快速发展。Linux 被广泛应用于服务器、移动设备、超级计算机等领域，具有极高的稳定性、安全性和灵活性。

（5）macOS 是苹果公司开发的专有操作系统，用于苹果的 Macintosh 系列计算机。它的前身是 Mac OS，最早于 1984 年发布。macOS 以其稳定性和创新性而闻名，尤其是在图形用户界面和多媒体处理方面。macOS 具有高度的集成性和易用性，同时提供了强大的应用程序和开发工具。

（6）Android 是由谷歌开发的开源移动操作系统，主要用于智能手机和平板计算机等移动设备。Android 的推出标志着移动计算时代的到来，它提供了丰富的用户体验和强大的应用程序生态系统。Android 具有高度的可定制性和灵活性，这也使得它成为了全球最流行的移动操作系统之一。

（7）iOS 是由苹果公司开发的移动操作系统，用于 iPhone、iPad 等苹果设备。iOS 的设计注重用户体验和安全性，这也使得它成为全球最受欢迎的移动操作系统之一。iOS 具有简单易用的界面和强大的应用程序生态系统，同时提供了对多任务处理和手势控制等功能的支持。

随着技术的不断发展和计算设备的多样化，未来的操作系统将不断发展和演变，以满足不断变化的需求。

9.5

计算机与数学

在深入探讨计算机的数学原理之前，首先需要理解二进制。二进制是由德国数理和哲学大师莱布尼茨在 17 世纪发明的，并广泛用于现代计算机中。二进制是一种基数为 2 的数制系统，它只有两个数码——0 和 1。二进制最重要的特性是简洁和稳定，这使得它在计算机科学中具有无可比拟的优势。

在计算机中，所有信息，无论是文本、图像、音频还是视频，都被处理为二进制数据。这些数据以 0 和 1 的形式存在，可以代表数字、字母、符号和其他各种信息。例如，在美国信息交换标准代码（ASCII 码）（表 9.1）中，每个字母和数字都有对应的二进制代码。

计算机科学包括布尔代数和数据结构等，涉及了很多数学知识；此外算法、离散数学、概率论等纯数学知识也被计算机科学所采用。

布尔代数是计算机科学的基础之一，它由英国数学家乔治·布尔在 19 世纪创立。布尔代数是一种用于描述和操作推理的符号系统，其基本操作包括 AND（与）、OR（或）和 NOT（非）。这些操作可以用于描述和解决各种逻辑问题。布尔代数在计算机硬件设计和编程语言设计中起着重要作用。例如，它用于设计计算机电路和 CPU，也用于编写算法和数据结构。

数据结构和算法是计算机科学的重要组成部分。数据结构是一种组织和管理数据的方式，有许多类型，包括数组、链表、栈、队列、树、图等。每一种数据结构都有其特定的用途和优点。例如，数组适用于存储大量相同类型的数据，树和图适用于表示复杂的结构与关系。而算法

表 9.1 ASCII 码（片段）

码值	字符	码值	字符	码值	字符	码值	字符	码值	字符
48	0	63	?	78	N	93	]	108	l
49	1	64	@	79	O	94	^	109	m
50	2	65	A	80	P	95	-	110	n
51	3	66	B	81	Q	96	.	111	o
52	4	67	C	82	R	97	a	112	p
53	5	68	D	83	S	98	b	113	q
54	6	69	E	84	T	99	c	114	r
55	7	70	F	85	U	100	d	115	s
56	8	71	G	86	V	101	e	116	t
57	9	72	H	87	W	102	f	117	u
58	:	73	I	88	X	103	g	118	v
59	;	74	J	89	Y	104	h	119	w
60	⟨	75	K	90	Z	105	i	120	x
61	=	76	L	91	[	106	j	121	y
62	⟩	77	M	92	\	107	k	122	z

是解决特定问题或完成特定任务的步骤。算法也有很多类型，包括排序算法、搜索算法、递归算法等。每一种算法都有其特定的用途和效率。例如，快速排序是一种高效的排序算法，二分搜索是一种高效的搜索算法。

离散数学是计算机科学的基础之一，它研究的是离散对象（如自然数、集合、图形等）的数学结构和属性。离散数学中的许多概念和理论，如集合论、图论、组合数学等，都广泛应用于计算机科学中。

（1）集合论是离散数学的基础，它研究的是集合及其性质和关系。在计算机科学中，集合用于表示和处理数据。例如，在数据库中，数据通常被组织成表（即集合），表中的每一行代表一个数据项（即元素）。

（2）图论研究的是图的性质和结构。在计算机科学中，图被广泛用于表示和处理复杂的关系与结构。例如，在计算机网络中，数据可以通过一个复杂的图状结构进行传输。

（3）组合数学研究的是计数、排列和组合的问题。在计算机科学中，组合数学被用于处理和操作数据结构。例如，动态规划算法就是一种使用了组合数学技术的算法。

概率论是数学的一个分支，它研究的是随机事件及其发生的可能性。在计算机科学中，概率论被用于分析和理解随机过程与不确定性。例如，加密算法就是一种使用了概率论的算法，它可以用于保护数据的机密性和完整性。

总的来说，计算机科学是应用数学和科学的综合学科，它的许多概念和技术都源于数学。理解这些数学原理对于理解计算机科学的本质和精髓至关重要。

9.6

半导体芯片是现代计算机的基础

半导体芯片自 20 世纪 50 年代发明以来，对现代科技产生了深远影响，尤其是计算机技术领域。

集成电路的出现使得计算机硬件的制造变得更加便捷。20 世纪 60 年代，IBM 推出了首批使用集成电路作为基础硬件的商用计算机——IBM360 系列计算机，这些计算机的出现标志着计算机硬件进入了一个新的时代。

随着集成电路技术的不断发展，处理器作为计算机的核心部件逐渐出现。在 20 世纪 70 年代，英特尔公司的 8080 和 8086 处理器是早期的重要代表。这些处理器使计算机变得更小，更易于携带和操作，这推动了微型计算机的快速发展。

随着 AI 和图形处理需求的不断增长，GPU 成为现代计算机技术中的重要组成部分。英伟达公司的 GeForce 系列 GPU 在市场上占据主导地位，对推动 AI 和图形处理技术的发展起到了关键作用。AMD 公司也在这个领域中占据重要地位，其生产的 Radeon 系列 GPU 与 GeForce 系列 GPU 竞争激烈。

为了满足复杂计算和高性能计算的需求，多核处理器成为了现代计算机的重要组成部分。英特尔公司的 Xeon 系列多核处理器和 AMD 公司的 EPYC 系列多核处理器是当前市场上的主要产品，这些产品对于推动高性能计算的发展起到了关键作用。例如，Summit 和 Sierra 等超级计算机就使用了 AMD 公司的 EPYC 和英特尔公司的 Xeon 铂金多核处理器。

随着信息处理需求的不断增长，传统的二进制计算机面临一些难以克服的挑战。量子计算作为一种全新的计算方式，具有在处理某些特定问题上比传统计算机更高效的能力。在这个领域中，IBM 和谷歌是主要的领导者。IBM 已经发布了其商用量子计算机 IBM Q System One，而谷歌发布了其量子计算硬件 Sycamore，两者都使用了量子芯片作为关键部件。此外，微软 Azure 量子系统也在量子计算领域占有一席之地。

　　总的来说，半导体芯片的发展对计算机技术的进步起到了关键作用。从晶体管的发明到集成电路的出现，再到现在的量子芯片和神经网络芯片，半导体芯片技术的每一个重大突破都推动了计算机技术的进步。未来，随着技术的不断发展，半导体芯片将在更多领域中发挥更大的作用，为人类带来更多的便利和创新。

9.7

AI 和 AI 超级计算机

AI 这个概念可以追溯到 20 世纪 50 年代。这个概念的出现主要是由于当时计算机科学的快速发展，科学家开始尝试让计算机拥有像人一样的推理、学习和解决问题的能力。AI 的初期目标是模拟人类的思维和行为过程，这个阶段出现了很多著名的思想和算法，如自上而下和自下而上的知识处理方式、基于规则和模板的方法，以及符号主义和连接主义等，奠定了 AI 的基础。

超级计算机是指能够处理大规模数据的、计算能力超强的计算机。超级计算机的出现主要是由于科学计算、大数据处理等需求的推动。超级计算机在早期往往是巨型机或大型机，价格昂贵且难以维护。随着技术的发展，超级计算机逐渐向小型机和分布式系统发展。超级计算机应用于很多领域，如气候模拟、物理模拟、生物模拟等。这些领域需要处理大量的数据和进行复杂的计算，超级计算机可以提供更快的计算速度和更强的数据处理能力。此外，超级计算机在 AI 领域发挥着重要作用，为深度学习等算法的训练和推理提供了强大的支持。

英伟达公司在 AI 和超级计算机领域也有着深厚的技术积累。英伟达公司的 AI 超级计算机以 GPU 加速计算为基础，结合了多种技术和算法，如 CUDA、OpenCL、cuDNN 等，可以高效地进行并行计算和深度学习等。

H100 GPU 是英伟达公司的一款 GPU 芯片，采用了 5nm 制程工艺和全新的 Transformer 引擎，可以提供 20 倍以上的 AI 吞吐量提升，并且支持混合精度计算，能够更加高效地利用计算资源。同时，H100

GPU 采用了 NVLink 和 Infiniband 等技术，可以提供更高速的数据传输和计算协同，从而提高了整体计算效率。

除了 GPU 之外，英伟达公司还推出了 Grace CPU，这是一款基于 ARM 架构 [一种基于精简指令集计算机（RISC）技术的处理器架构]的高性能服务器级 CPU，可以与其他英伟达公司的 GPU 无缝连接，协同工作，以提供更高效和灵活的计算。Grace CPU 旨在解决 CPU 和 GPU 之间存在的性能与通信瓶颈问题，从而更好地满足现代 AI 工作负载的需求。

随着 AI 和超级计算技术的不断发展，AI 超级计算机在各领域的应用越来越广泛。在医疗领域，AI 超级计算机可以帮助医生进行疾病诊断和治疗计划的制订；在金融领域，AI 超级计算机可以用于股票价格预测和风险管理；在自动驾驶领域，AI 超级计算机可以训练自动驾驶汽车深度神经网络模型；在科学研究领域，AI 超级计算机可以加速科研进程和数据处理；等等。

图 9.5 所示为英伟达公司的 GH200 超级芯片，一台 DGX GH200 AI 超级计算机包括 256 块 GH200 超级芯片。

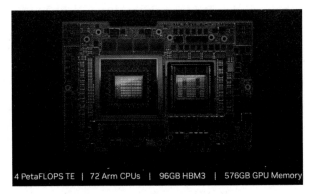

4 PetaFLOPS TE | 72 Arm CPUs | 96GB HBM3 | 576GB GPU Memory

图 9.5　英伟达公司的 GH200 超级芯片

第 十 章

互联网简史

在人类社会的发展进程中，通信的变革始终是推动进步的重要力量。从最初的口信传递到如今的互联网时代，通信技术的发展犹如一部波澜壮阔的史诗。

原始时代，人们依靠简单的口信和文字书写来交流信息。

随着社会的演进，邮政系统和电信系统应运而生，为信息传递打开了新的大门。电报和电话的发明开启了通信技术的新时代。

20 世纪初，无线电通信技术横空出世，此后，广播、电视和移动通信相继登场，信息传播的广度和速度不断刷新着人们的认知。

计算机的出现则为通信技术注入了新的活力。数字通信技术逐渐成为主流，信息以二进制的形式高效传输。英特尔等企业和科学家的贡献为这一转变提供了关键支撑。

20 世纪 90 年代，互联网的普及如一场风暴，彻底改变了人们的生活；通信技术从有线到无线的跨越，更是带来了前所未有的自由和便捷。PC 互联网时代，浏览器、搜索引擎、电商和社交平台等如雨后春笋般涌现。移动互联网时代，微信等社交媒体改变了交流模式，移动支付、电商、出行服务、在线旅游和在线视频等应用让生活更加便捷和丰富。

互联网与大数据的结合更是开启了新的篇章。大数据技术在解决大规模数据存储、处理和分析问题上发挥着关键作用，为各行业提供了强大的支持。在 AI 的发展中，互联网为海量数据的收集和清理提供了便利。

接下来，让我们更深入地探究互联网发展历程中的更多精彩篇章和前沿趋势。

10.1

通信技术的发展

在人类文明的发展初期，口信传递是主要的通信方式。发明文字后，人们开始以书面的形式进行信息传递。这些方式虽然原始，但在当时却能有效地帮助人们进行远距离的信息传递。

随着人类社会的不断发展，依赖于交通和电信基础设施的发展、邮政系统和电信系统的建立，信息传递更加便捷和快速。

19 世纪初，电报的发明标志着通信技术进入了一个新的时代。在电报的发明过程中，关键的一步是电磁感应定律的发现。在此背景下，一些重要的科学家和企业开始参与电报的研发。其中，美国科学家塞缪尔·莫尔斯是一位关键人物，他成功地发明了莫尔斯码，使电报传输成为可能。1844 年，莫尔斯成功发出了第一封电报（图 10.1）。

图 10.1 莫尔斯成功发出了第一封电报

19 世纪中后期，电话的发明使通信方式发生了革命性的变化。电话可以直接进行声音传输，使人们能够进行实时的语音通信。亚历山大·格雷厄姆·贝尔是电话的发明人，他在 1876 年成功地发明了电话。此外，爱迪生等知名科学家也为电话技术的发展做出了重要贡献。

20 世纪初，无线电通信技术的出现使通信方式再次发生了变革。通过无线电波的传输，人们能够实现远距离甚至跨洲的通信。意大利科学家马可尼是一位关键人物，他成功地发明了莫尔斯码的无线传输方法，为无线电通信技术的发展奠定了基础。

随着无线电技术的不断发展，广播、电视和移动通信相继出现，信息传播的范围和速度进一步得到了提升。美国电话电报公司及其科学家团队在广播和电视技术的发展中发挥了关键作用。同时，移动通信的发展也离不开像摩托罗拉和贝尔实验室等企业与研究机构的推动。

20 世纪中叶，计算机的出现为通信技术开辟了新的发展方向。这时，数字通信技术开始成为主流，信息可以以二进制的形式进行传输，大大提高了通信效率。

从 20 世纪 90 年代开始，互联网的普及使得数字通信技术得到了广泛应用。这时网络通信开始成为新的通信方式，电子邮件、即时通信和网络会议等逐渐走进人们的日常生活。蒂姆·伯纳斯－李是互联网的发明人之一，他于 1989 年和 1990 年先后成功地开发了超文本传输协议（Hypertext Transfer Protocol，HTTP）和超文本标记语言（Hypertext Markup Language，HTML），为互联网的诞生奠定了基础。此外，思科、谷歌、亚马逊等知名企业也在互联网的发展中发挥了重要作用。

在过去的几十年中，从有线到无线的转变是通信技术的一大飞跃。无论是在家庭还是办公场所，人们都无须再受线路的束缚，随时随地都能保持连线。无线通信技术包括蜂窝网络、卫星通信、Wi-Fi 等。这些技术使得通信更加灵活和便捷，为人们的日常生活和工作提供了便利。高通和其创始人欧文·雅各布斯在码分多址技术的研发中发挥了关键作用，这为现代无线通信技术的发展奠定了基础。此外，三星、诺基亚、华为等知名企业也在无线通信技术的发展中发挥了重要作用。

10.2
早期的互联网

20 世纪 60 年代末期，随着计算机技术的不断发展，人们开始探索如何将不同的计算机连接起来以实现信息的共享和传输。这个时期的计算机主要是巨型机和小型机，网络则以局域网（Local Area Network，LAN）的形式存在。

在 20 世纪 60 年代末期，美国国防部高级研究计划署（Advanced Research Projects Agency，ARPA）意识到计算机联网的重要性，开始资助一系列相关的研究项目，推动了 ARPANET 的诞生。1969 年，ARPANET 正式投入使用，它使用包切换技术，允许不同计算机之间进行信息交换，这彻底改变了人们的信息交流方式，为后来的互联网发展铺平了道路。ARPANET 的成功也促进了计算机科学领域的发展，并为后来的互联网企业提供了经验和借鉴。

早期，ARPANET 采用的是一种名为网络控制协议（Network Control Protocol，NCP）的网络协议，但是随着网络的发展，以及用户对网络需求的不断提高，这种协议已经不能充分支持 ARPANET。NCP 有一个很大的硬伤，即它只能用于同构环境中，这意味着使用不同操作系统的用户不能进行通信。

当时的 ARPANET 设计者急需一种新的协议来改变这一局面。这个重任落在当时就职于美国国防部高级研究计划署并担任信息处理技术办公室主任的罗伯特·卡恩及文特·瑟夫身上。1974 年，卡恩和瑟夫在电气电子工程师学会（Institute of Electrical and Electronics Engineers，IEEE）期刊上发表了一篇名为《关于分组交换的网络通信协议》的论文，正式提出了 TCP/IP，用以实现计算机网络之间的互联。

（1）传输控制协议（Transmission Control Protocol，TCP）负责在发送方和接收方之间建立连接，并确保数据的顺序和完整性。它通过将数据分割成更小的数据段，并在每个数据段中添加序列号和校验和，来确保数据的传输顺序和完整性。接收方在接收到数据后，会根据序列号对数据进行重新组装，并校验数据的正确性。

（2）互联网协议（Internet Protocol，IP）负责将数据从一台计算机传输到另一台计算机。它通过将数据分割成更小的数据包，并在每个数据包中添加源地址和目的地址，来确保数据能够正确地传输到目标计算机。每个数据包在传输过程中都会经过不同的路由器，路由器会根据目的地址将数据包路由到正确的路径上，最终将数据包送到目标计算机。

1983 年，美国国防部高级研究计划局决定淘汰 NCP，转为使用 TCP/IP。20 世纪 90 年代，TCP/IP 得以大范围推广，成为整个互联网的基石。

20 世纪 90 年代初，蒂姆·伯纳斯－李（图 10.2）提出了万维网（World Wide Web，WWW）的概念，他开发了 HTTP 和 HTML，使得人们可以在网络上发布和浏览信息。HTTP 是一种简单的请求 / 响应协议，它允许客户端向服务器发送请求，并接收来自服务器的响应。HTML 是一种用于创建网页的标记语言，它使用标签来描述网页的结构和内容。

蒂姆·伯纳斯－李在欧洲核子研究中心建立了第一台网页服务器和浏览器，并在 1990 年成功地展示了他的成果。从此以后，人们可以在网络上轻松地发布和浏览信息，万维网迅速成为了当时最受欢迎的信息交流平台之一。

图 10.2　万维网的发明人蒂姆·伯纳斯－李

　　在 HTML 被开发出来不久之后，马克·安德森和吉姆·克拉克开发了 Mosaic 浏览器。这是第一种被广泛使用的图形化网络浏览器，极大地推动了互联网的普及和发展。Mosaic 浏览器的出现让人们不再需要学习复杂的命令行接口的使用方法就能使用互联网，从而大大提高了互联网的易用性。

　　Mosaic 浏览器的成功也推动了其他网络公司的崛起，如网景、微软等公司纷纷开发了自己的浏览器产品，使得互联网变得更加普及，并为后来的电子商务、社交媒体等新兴产业的发展奠定了基础。

PC 互联网

在 PC（个人计算机）互联网的发展过程中，有几款关键的产品对它的普及起到了重要的作用，包括浏览器、搜索引擎、电商网站、社交网站等。

在 PC 互联网的早期阶段，浏览器起到了至关重要的作用。1994 年，安德森和克拉克创立了网景公司，并开发出了著名的网景浏览器。这是第一种被广泛使用的图形化网络浏览器，它的出现极大地推动了互联网的普及和发展。网景浏览器的成功为后来的 Internet Explorer（IE）等浏览器的推出提供了基础。

1994 年，斯坦福大学的两位学生杨致远和大卫·费罗创立了一个名为雅虎（Yahoo!）的网站。这个网站最初是一个目录导航系统，帮助用户更方便地浏览互联网上的内容，它的独特之处在于对互联网资源进行了人工分类和编辑，使用户能够快速找到所需的信息。雅虎成为早期 PC 互联网上最受欢迎的网站之一，为搜索引擎和门户网站的发展提供了启示。

1998 年，拉里·佩奇和谢尔盖·布林创立了谷歌公司（图 10.3）。佩奇和布林开发了著名的搜索引擎 Google Search，通过算法对网页进行排名，为用户提供准确和有用的搜索结果。Google Search 的崛起改变了人们获取信息的方式，也成了全球最受欢迎的搜索引擎之一，并对后来的搜索引擎产生了深远的影响。

Google Search 的成功得益于其 PageRank 算法的发明。该算法通过分析网页之间的链接关系，对网页进行排名。PageRank 算法的出现为搜索引擎的发展提供了关键技术支持，成了现代搜索引擎的基础。此外，谷歌还不断推出其他创新产品，如 Gmail、Google Maps、Google Docs 等，为用户提供了丰富的互联网体验。

图 10.3　谷歌早期的办公室照片

1994 年，杰夫·贝索斯创立了亚马逊公司。该公司最初是一个在线书店，致力于为用户提供丰富的图书资源。随着互联网的发展，亚马逊不断拓展业务范围，逐渐成为全球最大的电子商务平台之一。

2004 年，马克·扎克伯格在哈佛大学创立了 Facebook（现已更名为 Meta）社交媒体平台的前身"The Facebook"，旨在为哈佛大学的学生提供一个交流和分享信息的平台。随着时间的推移，Facebook 逐渐扩展到其他高校和地区，成为全球最大的社交媒体平台之一。Facebook 的推出改变了人们社交的方式，成为了人们生活中不可或缺的一部分。

移动互联网

　　移动通信技术的发展为移动互联网的崛起提供了重要的基础。从 2G 时代的全球移动通信系统（Global System for Mobile Communications，GSM）和码分多址（Code-Division Multiple Access，CDMA）技术，3G 时代的通用移动通信业务（Universal Mobile Telecommunications Service，UMTS）和 CDMA2000 网络，到 4G 时代的长期演进技术（Long Term Evolution，LTE），再到 5G 和卫星通信，移动通信技术的不断演进和优化为移动互联网的快速发展提供了强有力的支持。

　　2007 年，苹果公司（图 10.4）推出了第一款 iPhone 智能手机，引发了移动通信市场的革命。iPhone 不仅集电话、短信、音乐、视频、游戏等多种功能于一体，还引入了多点触控、重力感应、虚拟键盘等创新技术，为用户带来了前所未有的使用体验。随后，谷歌公司推出了 Android 操作系统，这是与 iOS 并行的主流智能手机操作系统。

　　随着智能手机的普及，社交媒体逐渐成为人们交流和社交的主要方式。2011 年，由腾讯公司推出的微信成为国内最受欢迎的社交平台之一。微信除了支持文字、语音、图片和视频等基本功能外，还增加了朋友圈、公众号、小程序等功能，使得用户可以在不同的场景下进行交流和分享。微信的成功在于其强大的社交功能和简洁的用户界面，以及腾讯公司在互联网社交领域的深厚积累和技术实力。

图 10.4　苹果公司创业初期两位创始人正在讨论工作

移动支付是指通过手机等移动终端进行支付的行为。随着智能手机的普及和移动网络安全性的不断提升，移动支付越来越受到用户的青睐。支付宝和微信支付是中国的两大移动支付巨头。支付宝以扫描二维码和线上购物为主要特点，而微信支付以社交支付为主要特色。移动支付的普及为企业提供了更加便捷和高效的交易方式，也为消费者带来了更加快捷的购物体验。

中国是全球最大的电商市场之一，淘宝和京东等电商平台成为了全球瞩目的焦点。2003 年，淘宝网由阿里巴巴集团创立，现已成为中国电商行业的领军企业。淘宝网以其便利的购物方式和丰富的商品种类而受到用户的喜爱。京东则以自营模式著称，注重商品品质和物流速度。电商行业的崛起改变了传统的零售模式，为用户提供了更加便捷和丰富的购物选择。

移动互联网也为出行服务带来了重大变革。2012 年，线上打车应用应运而生，改变了传统出租车的叫车方式。线上打车提供了一键叫车、实时导航、信用评价体系等功能，大大提高了出行效率。出行服务的变革优化了人们的出行方式，提高了出行效率和便捷性。

移动互联网的发展历史虽然只有短短的数十年，但它已经深刻地改变了人们的生活方式和社会结构。在这个阶段，众多中国移动互联网公司迅速崛起，并创造出了很多全新功能，使中国社会的生活便利性在全球都处于领先状态。

互联网与大数据

　　大数据的概念可以追溯到 20 世纪 90 年代初，当时计算机技术开始广泛应用于各行各业。随着数据规模的不断扩大，人们开始意识到传统的数据处理方法已经无法满足日益增长的数据需求。因此，大数据技术应运而生，旨在解决大规模数据的存储、处理和分析问题。

　　21 世纪初，互联网的普及和各种数据生成工具的广泛应用使得数据的规模和种类急剧增长。在这个阶段，大数据技术得到了快速发展，人们开始利用大数据来解决各种复杂的问题，如预测股市走势、疾病预测、交通拥堵等。大数据成为各行业的关键支撑力量，如金融、医疗、教育、零售等领域都在借助大数据实现业务创新和优化。

　　互联网与大数据的发展密切相关。互联网为大数据提供了庞大的数据来源，这些数据包括用户行为数据、消费数据、社交媒体信息等。同时，互联网为数据的传输、分享和分析提供了便利，而大数据为互联网提供了更加强大的支持，使得互联网能够更加智能、高效地运行。例如，搜索引擎、推荐系统、社交媒体等互联网应用都离不开大数据的支持。

　　下面是几种广泛使用的互联网和大数据核心技术。

　　（1）Hadoop 是大数据领域中的基础架构之一，它是一种分布式计算框架，能够处理大规模数据集。Hadoop 通过将数据分成小块并在多个计算机节点上进行处理，使得大规模数据处理变得可行。

　　（2）Spark 是另一种流行的分布式计算框架，与 Hadoop 相比具有更高的计算效率和灵活性。Spark 可以快速处理大规模数据集，同时提供了丰富的编程接口和工具，方便用户进行数据处理和分析。

（3）NoSQL 数据库是一种新型的数据库类型，能用于存储和查询非结构化数据。与传统的关系型数据库相比，NoSQL 数据库具有更高的可扩展性和灵活性，适用于处理大规模的半结构化数据。常见的 NoSQL 数据库包括 MongoDB、Cassandra、Redis 等。

另外，大量的互联网公司使用了大数据技术来提供更好的产品和服务。

（1）亚马逊是全球最大的电子商务企业之一，它的大数据解决方案为其业务发展提供了强大的支持。亚马逊公司利用大数据分析用户的购物行为、浏览记录等数据，为用户推荐更加个性化的商品和服务。此外，亚马逊公司还提供了一系列基于大数据的产品和服务，如 AWS 的云服务、Elasticsearch 搜索引擎等。

（2）谷歌是全球最大的搜索引擎企业之一，它利用大数据技术对数十亿次的搜索请求进行实时分析，以便为用户提供更加准确和相关的搜索结果。此外，谷歌公司还通过大数据技术分析用户的搜索历史、位置信息等，以提供更加精准的广告服务。

（3）Meta 是全球最大的社交媒体平台之一，拥有数十亿用户的个人数据。Meta 利用大数据技术对这些数据进行深入分析，提供更加精准的广告定位和社交推荐服务。此外，Meta 还通过大数据技术分析用户的社交网络行为，以提供一系列个性化服务。

互联网与 AI

　　在 AI 的发展过程中，海量数据的收集和清理是一个非常重要的环节，互联网的发展很好地解决了这个问题。

　　例如，ImageNet 是一个非常重要的用于深度学习的图像数据库（图 10.5）。它的起源可以追溯到 2007 年，当时李飞飞及其团队在斯坦福大学开始着手建立一个大型图像数据库，旨在应对计算机视觉领域的许多挑战。他们发现，当时的图像数据集存在两个主要问题：规模较小和多样性不足。这限制了计算机视觉算法的性能和发展潜力。为了解决这些问题，他们提出了 ImageNet 计划，目标是创建一个大规模、多样化的图像数据库。

图 10.5　ImageNet

　　在 ImageNet 的早期阶段，李飞飞及其团队手动收集和标记图像，这是一个耗时且昂贵的过程。后来，随着互联网的发展，他们意识到可以利用互联网来收集和标记大量的图像数据。通过使用网络爬虫和众包平台，他们成功地收集到了来自世界各地的数以万计的图像。

在收集到这些图像后，李飞飞及其团队手动或使用自动算法对这些图像进行分类和标记。他们创建了一个层次化的类别体系，其中每个类别都代表一个特定的概念或对象。这个层次化的类别体系一直沿用至今，成为 ImageNet 的一个重要特征。

随着时间的推移，ImageNet 不断进行更新和扩展，每年都会增加新的类别和图像。目前，这个项目已经成为计算机视觉领域的一项基准任务，推动了深度学习和卷积神经网络的发展。

ImageNet 通过以下几种方式从互联网上收集数据。

（1）网络爬虫：利用爬虫软件，自动在互联网上抓取图像数据。这种方式可以快速地收集大量图像，但需要处理大量的无关图像，并进行去噪和清洗。

（2）众包平台：通过将数据收集任务分发到众包平台，让人们手动地挑选和标记图像。这种方式虽然成本较高，但是可以保证数据的质量和相关性。

（3）公开数据集：利用已有的公开数据集，如 Flickr、Google Image 等，获取已经部分标记的图像数据。这些数据集可能已经经过了初步的筛选和分类，但可能需要进行进一步的处理和清洗。

（4）用户贡献：鼓励用户上传和分享自己的图像数据，以丰富 ImageNet 的数据多样性。ImageNet 通过设置奖励机制，吸引了更多的用户参与数据贡献。

收集到的图像数据需要进行大量的清洗和处理工作，具体处理过程如下。

（1）去重：删除重复或相似的图像，以避免数据冗余。

（2）过滤：删除与目标类别不相关的图像，以减少噪声数据。

（3）标注：为每张图像手动或自动标记其所属的类别。

（4）校准：对数据进行标准化处理，以减小不同数据源之间的差异。

（5）审核：对数据进行人工审核，以确保数据的质量和准确性。

ImageNet 利用互联网进行大规模的数据收集和处理，成功地构建了如今大规模、多样化的图像数据库。它的出现推动了深度学习和计算机视觉领域的快速发展，为现实世界中的应用提供了强有力的支持。随着技术的不断发展，可以预见未来会有更多类似的大规模数据集出现，并推动 AI 领域的进一步发展。

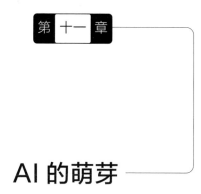

第十一章

AI 的萌芽

在科技的广袤天空中，AI 宛如一颗璀璨的新星，正以惊人的速度照亮我们的生活。然而，它的诞生并非一蹴而就，而是经历了漫长而曲折的萌芽阶段。

1936 年，图灵机概念犹如一颗智慧的种子，为后来计算机的发展和 AI 算法的诞生播下了希望。

20 世纪 50 年代，随着计算机硬件的不断进步，科学家的目光不再仅仅局限于计算机的基本运算，而是开始大胆地设想：能否让计算机拥有像人类一样的智慧，执行复杂的任务，甚至模拟人类的思维和行为？

1956 年达特茅斯会议上，科学家们热烈地探讨着如何让计算机像人类一样学习、推理，以及理解自然语言，这次会议为 AI 的发展注入了强大的动力。它不仅正式确立了 AI 这一独立的研究领域，还吸引了全球众多优秀的科学家投身其中，共同探索智能的奥秘。

此后，AI 的发展如同一场波澜壮阔的旅程。从最初对逻辑推理和神经网络模型的探索，到如今深度学习和强化学习的崛起，每一次的突破都凝聚着无数研究者的智慧和努力。

在 AI 的早期发展中，感知机模型和专家系统扮演了重要角色。尽管在发展过程中遇到了种种挑战，但 AI 萌芽阶段的这些探索和尝试，为后来的发展积累了宝贵的经验。

如今，当我们惊叹于 AI 在各个领域的出色表现时，不能忘记那段充满激情与探索的萌芽岁月。正是那些先驱的勇敢尝试和不懈努力，才开启了今天这个智能时代的大门。

接下来，让我们更深入地探究 AI 在萌芽阶段的更多精彩细节和重要成果。

11.1

达特茅斯会议

如今，AI 已经成为当代科技进步的关键驱动力之一，这个领域的起源可以追溯到 1956 年的达特茅斯会议。

20 世纪中叶，计算机科学和数学的发展为 AI 的出现提供了可能。1936 年，数学家艾伦·图灵提出了图灵机的概念，这一概念为后来的计算机设计和 AI 算法提供了基础。20 世纪 50 年代，随着计算机硬件的发展，科学家开始探索如何使计算机执行更复杂的任务，甚至模拟人类的思维和行为。

在这种背景下，1956 年夏季，一群科学家在美国达特茅斯学院召开了一次为期两个月的会议，目的是讨论和发展有关 AI 的理论与实践知识，为这个新兴领域的出现奠定基础。图 11.1 所示为参加达特茅斯会议的计算机领域的部分科学家。

约翰·麦卡锡　马文·明斯基　克劳德·香农　雷·所罗门诺夫　艾伦·纽厄尔

赫伯特·西蒙　阿瑟·塞缪尔　奥利弗·塞尔弗里奇　纳撒尼尔·罗切斯特　特伦查德·莫尔

图 11.1　参加达特茅斯会议的计算机领域的部分科学家

达特茅斯会议涉及的议题十分广泛，包括心理学、计算机科学、哲学等多个领域。会议上，科学家讨论了如何让计算机执行类似于人类的智能任务，如学习、推理、理解自然语言等；还探讨了 AI 可能的实现方法和未来发展方向。最为重要的是，会议上首次提出了"AI"这个概念，并预测了它的发展前景。会议的主持人麦卡锡在会议上首次使用了"Artificial Intelligence"（AI）这个词，并对其进行了定义："AI 是制造智能机器的科学与工程。"这个定义一直沿用至今，成为 AI 领域的基本指导原则。

此外，会议上科学家还提出了许多具有里程碑意义的理论和思想，这些理论和思想为后来的 AI 研究及发展提供了重要的参考与指导。

自此以后，AI 成为一个独立的研究领域，吸引了来自全球各地的科学家和研究者投入其中。这个领域的理论和算法不断丰富与发展，从最初的逻辑推理和神经网络模型，到如今的深度学习和强化学习，AI 的发展历程见证了人类对智能的本质和原理理解的不断深入。

同时，达特茅斯会议为后来的 AI 应用提供了广阔的空间。从商业和金融领域的风险管理、投资决策，到医疗领域的疾病诊断、药物研发，再到智能家居、自动驾驶等新兴领域，AI 的应用场景不断扩展，为人类带来了巨大的便利和发展机遇。

感知机

感知机是一种简单的二类线性分类模型，可以看作神经网络和深度学习的"祖先"。感知机模型的基本单位是感知机神经元，它对应于一个二元分类问题。

1957 年，美国心理学家弗兰克·罗森布拉特提出了"感知机"的概念。当时，AI 领域刚刚兴起，研究者正在探索如何构建能够模拟人类智能的机器。在这个背景下，感知机模型作为一种简单有效的机器学习模型受到了广泛关注。

感知机神经元模型的核心部分是激活函数，用于将输入信号转换为输出信号。感知机神经元的输出信号是二进制的，即 0 或 1。输入信号经过加权求和后，通过激活函数决定最终的输出值。

感知机的基本结构如图 11.2 所示。

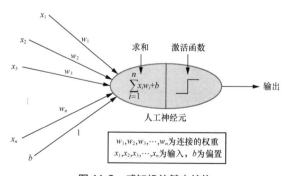

图 11.2 感知机的基本结构

感知机模型与神经元结构具有一定的相似性。首先，感知机和神经元都包括一个接收输入信号的树突和发送输出信号的轴突。其次，激活函数在感知机和神经元中都扮演着重要的角色。在神经元中，激活函数是由电化学信号处理和突触传递过程实现的，而感知机的激活函数是由数学函数实现的。最后，感知机模型中的激活函数与神经元中的膜电位阈值、离子通道也有一定的相似性。

感知机模型在处理二元分类问题时具有简单、易于理解和计算的优势，但它也存在一些局限性。其中，最著名的局限性是它无法解决 XOR 问题。XOR 问题是一个二元分类问题，它需要将输入信号映射到一个二元输出信号，其中输出信号为 0 或 1。XOR 问题的特点是它不能被一个线性分类器完全解决。感知机模型作为一种线性分类器，也无法完全解决 XOR 问题。这一局限性在当时的 AI 界引起了广泛的讨论和研究，推动了后来的研究者探索更复杂的机器学习模型，如神经网络和深度学习模型。

感知机模型是一种硬间隔分类器，这意味着它无法处理重叠的类别。当两个类别存在重叠时，感知机模型会无法正确地将它们分类。此外，感知机模型缺乏可训练性，它不能像神经网络和深度学习模型那样通过反向传播算法更新权重。因此，当处理复杂的任务时，感知机模型无法获得好的结果。

感知机作为一种简单的机器学习模型，曾经得到过广泛的关注和研究。由于存在一些局限性、具有过度简化的模型、缺乏可训练性、无法处理连续输入等问题，它并没有取得成功。但是，感知机模型的简单性和易于理解使得它成为许多领域中的基础模型之一，它的发展也进一步推动了神经网络和深度学习领域的研究与应用。对于了解及探索 AI 和机器学习领域的历史与发展历程来说，感知机模型的发明及其与神经元结构的关系都具有重要的意义。

专家系统

专家系统的发展可以追溯到 20 世纪 60 年代，当时 AI 领域开始快速发展，许多学者开始研究如何利用计算机模拟专家的思维和决策过程。1965 年，美国数学家爱德华·费根鲍姆提出了基于规则的专家系统概念，并于 1968 年成功开发了第一个专家系统 DENDRAL，用于解决化学分子结构问题。这一突破性的成果为专家系统的研究和发展奠定了基础。

20 世纪 70 年代，专家系统得到了广泛应用和推广，不同类型的专家系统被研制出来，涉及的领域包括医疗诊断、金融咨询、军事决策等。这些专家系统多数采用基于规则的推理方式，通过将专家的知识和经验转化为规则库来进行决策。

专家系统主要包括知识库和推理机两个核心部分。其中，知识库是用来存储专家知识的数据库，包括事实、规则、模型等；推理机则根据输入的初始数据和知识库中的规则进行推理，得出结论或建议。

专家系统的工作流程一般包括以下步骤。

（1）获取专家知识：通过与专家交流或查阅相关文献，获取领域内的知识和经验，将其转化为计算机可处理的形式。

（2）构建知识库：将获取的专家知识转化为规则、事实、模型等，并存储到知识库中。

（3）设计推理机制：根据问题类型和知识库中的规则设计合适的推理机制，以得出结论或建议。

（4）运行推理过程：根据输入的初始数据和知识库中的规则，利用推理机制进行推理，得出结论或建议。

（5）输出结果：将结论或建议输出给用户，以解决特定领域内的复杂问题。

专家系统在各个领域都有广泛的应用。例如：医疗专家系统可以根据患者的症状和历史病例，提供诊断建议和治疗方案；法律专家系统可以根据法律条文和案例库，提供法律咨询和案件分析；金融专家系统可以根据市场数据和经济形势，提供投资策略和风险管理方案；教育专家系统可以根据学生的学习情况和兴趣爱好，提供个性化的学习辅导。

尽管专家系统在某些领域取得了显著的成功，但是仍存在以下局限性。

（1）知识获取难度大：专家知识的获取需要经过深入的交流和专业的训练，而且很难完整地表达专家的所有知识和经验。

（2）无法处理不确定信息：专家系统在处理不确定信息时存在困难，因为很多情况下，专家的知识和经验都存在不确定性。

（3）缺乏自主学习能力：专家系统缺乏自主学习能力，不能主动从环境中获取知识和适应变化。

（4）维护成本高：为了保持专家系统的可靠性和准确性，需要不断更新与修正知识库和推理机制，这需要较高的人力成本。

（5）可解释性不足：专家系统决策过程往往缺乏透明度，难以向用户解释其做出某种决策的原因。

此外，尽管专家系统在某些领域表现出色，但很多应用场景并未得到清晰明确的定义。这导致许多专家系统在实用性、可靠性和用户体验方面存在较大的问题，难以赢得市场和用户的认可。许多企业和开发者在探索新的应用时，往往陷入过于追求技术先进性而忽视实际需求的误区。这种情况使得专家系统在实际应用中面临较大的困扰。

在专家系统陷入困境之后，人们开始思考新的 AI 理论范式，深度学习开始进入主流 AI 专家的视野。

第 十二 章

深度学习的崛起

本章回顾深度学习的发展历程。

20 世纪中叶，M–P 模型和感知机模型奠定了深度学习的基石；反向传播算法的提出打开了神经网络发展的新大门；卷积神经网络在图像数据处理领域大放异彩；进入 21 世纪，深度学习的发展步伐越发加快，杰弗里·欣顿等人提出的深度信念网为深度学习注入了新的活力。随着技术的不断进步，更多先进的深度神经网络架构如雨后春笋般涌现。

如今，深度学习已经成为了科技领域的热门话题，吸引着无数科学家和研究者投身其中。

深度学习的强大能力在各个领域都得到了充分展现。在计算机视觉领域，它让计算机能够像人类一样准确地识别和解析图像；在自然语言处理领域，它实现了流畅的机器翻译和生动的文本生成；在语音识别领域，它显著提高了语音转文字的准确率；在推荐系统领域，通过深度分析用户行为数据，它提供了更加贴心、精准的推荐服务。

深度学习的崛起并非偶然，而是多种因素共同作用的结果。数据量的爆炸式增长为其提供了丰富的"营养"，让模型能够接触到更多样化、更复杂的信息。计算能力的突飞猛进，特别是 GPU、张量处理单元（TPU）等专用芯片的出现，为深度学习的训练提供了强大的动力。而算法的持续改进和创新，则如同精准的导航仪，引领着深度学习不断突破瓶颈，走向更高的境界。

接下来，让我们一同深入了解深度学习的发展历程，感受这一领域的魅力。

12.1

深度学习的起源

深度学习是 AI 领域中最引人注目的分支之一，它通过构建多层神经网络来模拟人类的神经网络，从而实现对复杂数据的处理和分析。从初期的浅层神经网络到现在的深度神经网络，深度学习经历了漫长的发展历程。

1943 年，心理学家沃伦·麦卡洛克和数学家沃尔特·皮茨提出了第一个基于生物神经网络的计算模型，称为 M-P 模型。该模型用二进制系统来描述神经元的工作原理，奠定了神经网络的基础。

1957 年，罗森布拉特提出了感知机模型，然而，感知机模型的训练方法存在一些限制，无法解决一些复杂的问题。

反向传播算法在 20 世纪 70 年代被提出，但到 1986 年相关论文才发表。它使神经网络可以从输出层开始，通过计算梯度来更新权重，从而解决了一部分感知机的问题。随着多层神经网络的出现，人类开始进入了深度学习的时代。

1998 年，杨立昆提出了第一个正式的卷积神经网络（Convolutional Neural Network，CNN）——LeNet-5 模型，这种网络结构在处理图像数据方面表现出色。随着权重的共享和卷积层的使用，CNN 能够有效地减少模型的参数数量，提高了训练效率。

2006 年，欣顿等人提出了深度信念网（Deep Belief Net，DBN），这是一种基于概率的图形化知识表达与推理模型的深度学习框架。DBN 通过贪婪无监督学习来预训练网络，并使用微批量梯度下降进行有监督训练，从而改善了训练效果。

随着深度学习的不断发展，更多的深度神经网络架构被提出。例如，2015 年提出的残差网络（ResNet）通过引入残差块有效地解决了深度神经网络中的梯度消失问题，2017 年提出的 Transformer 架构则引领了自然语言处理领域的变革，2018 年起推出的 GPT 系列模型更是扩展了语言模型的规模和应用范围。

图 12.1 所示为深度学习的经典教程《深度学习》，业界一般称其为"花书"。

图 12.1　深度学习经典教程《深度学习》

深度学习在各个领域都有广泛的应用。在计算机视觉领域，深度学习可以帮助计算机准确地识别和解析图像；在自然语言处理领域，深度学习可以实现机器翻译、文本生成等；在语音识别领域，深度学习可以提高语音转文字的准确率；在推荐系统领域，深度学习可以通过分析用户行为数据来提高推荐准确度。

　　深度学习的崛起有几个主要的原因，包括数据量的大幅增长、计算机计算能力的提升和算法的改进。首先，随着互联网和信息技术的快速发展，数据量呈几何级数增长，大数据为深度学习提供了丰富的训练数据，使得模型能够从中学习到更复杂的特征和规律。其次，随着计算机硬件技术的不断发展，计算机的计算能力得到了大幅提升，高性能 GPU、TPU 等专用芯片的出现，为深度学习提供了强大的计算支撑，使得大规模神经网络的训练成为可能。最后，深度学习的训练算法不断得到改进和完善，如卷积神经网络、循环神经网络（Recurrent Neural Network，RNN）、Transformer 等网络结构的创新，都为深度学习的发展提供了重要推动力。

反向传播算法

"反向传播算法"这个看似寻常实则深邃的概念，是深度学习领域的基石之一。它是一种在神经网络中用于训练模型的算法，通过计算损失函数对网络权重的梯度来更新网络权重，从而降低损失函数的值。然而，这种算法的发明并非一蹴而就，而是经过了漫长的探索和多次突破。

前面提到，1957 年提出的感知机存在一些限制，如无法解决 XOR 问题，这促使人们寻找更复杂的神经网络模型。

在这个背景下，20 世纪 70 年代，科学家在感知机的基础上提出了新的人工神经网络模型 —— 反向传播网络（Back-propagation Network）（又称反向传播神经网络）。反向传播网络通过多层感知机的组合来解决 XOR 问题。然而，当时计算机的计算能力有限，反向传播网络的训练过程非常耗时，因此这个模型并未得到广泛应用。

20 世纪 80 年代，随着计算机技术的飞速发展，反向传播算法重新引起了科学家的关注。1986 年，欣顿等人重新发现了反向传播算法，并对其进行了改进和推广，提出了多层前馈神经网络（Multilayer Feedforward Neural Network），也就是我们现在所说的深度学习模型。这个模型通过反向传播算法进行训练，可以自动提取输入数据的多层次特征，从而提高了分类的准确性。

反向传播算法基于神经网络的梯度下降法，其示意如图 12.2 所示。神经网络的目标是使损失函数最小化，而损失函数是网络权重的函数。因此，我们需要先计算损失函数对网络权重的梯度，再根据梯度方向来更新网络权重。

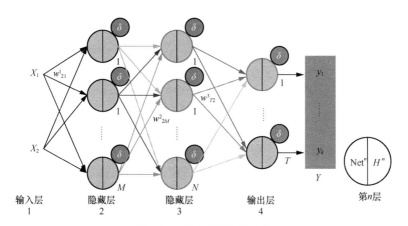

图 12.2　反向传播算法示意

梯度下降的概念可以应用在多个生活化的场景中，一个常见的例子是爬山。爬山时，到了山顶后，为了到达山另一边的最低点（山脚），最有效的方法就是沿着山脊向下（也就是梯度下降的方向）走，这是因为山脊的方向提供了到达山脚最快的方式。

类比到机器学习中，梯度下降是优化算法的一种，它的目标是通过迭代找到函数的最小值点，这个过程就像是在山脉中寻找最低点一样，需要计算函数的梯度（也就是函数在某一点的斜率），并沿着负梯度的方向更新参数，从而逐渐逼近最小值点。

在训练神经网络时，我们通常将输入数据送入网络中，得到网络的输出结果，并对输出结果与真实标签进行比较，计算损失函数的值。损失函数是关于网络权重的函数，可以通过求导数来计算损失函数对每个权重的梯度。这个梯度表示了当前权重下损失函数的下降方向，可以通过负梯度方向来更新网络权重。

具体来说，反向传播算法的实现过程如下。

（1）前向传播阶段：输入数据被送入网络中，经过各层的处理后得到输出结果。在这个阶段中，每一层都会对输入数据进行一定的转化，将其转化为下一层的输入数据。最终的输出结果是由最后一层的神经元输出的。

（2）计算损失函数的值：将网络的输出结果与真实标签进行比较，计算损失函数的值。

（3）反向传播阶段：根据损失函数对每个权重的梯度来更新网络权重，具体来说就是用学习率乘梯度来更新每个权重。学习率是一个超参数，控制了每次更新步长的大小。更新权重可以使损失函数的值逐渐减小。

（4）迭代优化：重复以上过程，直到达到预设的迭代次数或者满足其他停止条件为止。在每次迭代中，都会根据当前的权重和数据计算出新的损失函数值和梯度，并更新权重。

反向传播算法是深度学习的核心算法之一，它被广泛应用于神经网络、递归神经网络、卷积神经网络等深度学习模型中。在这些模型中，反向传播算法被用来训练网络权重，使得网络能够更好地学习和预测数据。

12.3

卷积神经网络

卷积神经网络的概念最早可以追溯到 20 世纪 80 年代。1989 年，杨立昆等人发表了一篇关于卷积神经网络的论文，探讨了如何利用卷积神经网络进行手写数字的识别。这一时期的研究为后续的卷积神经网络发展奠定了基础。卷积神经网络示意如图 12.3 所示。

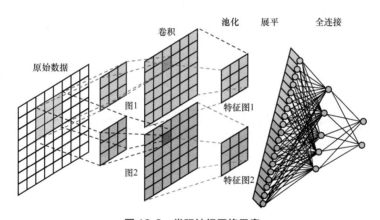

图 12.3　卷积神经网络示意

进入 20 世纪 90 年代，著名的尺度不变特征转换（Scale-Invariant Feature Transform，SIFT）算法被提出，该算法能够自动提取图像的关键特征。该算法和此前提出的反向传播算法为后续的卷积神经网络发展提供了重要的技术支持。

进入 21 世纪，随着互联网的普及和大数据的出现，卷积神经网络得到了进一步的发展。2006 年，杨立昆等人提出了更深层的卷积神经网络模型，并成功应用于图像分类等。这一时期的模型开始具备较深的层次结构，能够更好地处理复杂的数据。

随着计算机技术的不断进步和新算法的不断涌现，卷积神经网络逐渐成为深度学习领域的核心分支。2012 年，亚历克斯·克里泽夫斯基和伊利亚·苏茨克维尔（图 12.4）提出了 AlexNet 模型，该模型在 ImageNet 图像分类挑战赛中取得了突破性的成绩，标志着卷积神经网络在图像识别领域的应用走向成熟。自此以后，卷积神经网络在各个领域的应用都得到了广泛关注和研究。

图 12.4　伊利亚·苏茨克维尔

卷积神经网络是一种专门用于处理具有类似网格结构数据的深度学习模型，如图像和语音信号等。它通过局部连接、权重共享和池化操作等，实现对输入数据的逐层抽象和特征提取。

卷积神经网络包括输入层、卷积层、池化层、全连接层等。这些层次结构可组合成一个深度网络，以便于处理复杂的数据结构。

（1）输入层：负责接收原始数据，这些数据通常是以网格结构形式呈现的，如图像和语音信号。

（2）卷积层：卷积神经网络的核心组成部分，它通过对输入数据与一组卷积核（或过滤器）进行卷积运算，从而提取输入数据中的局部特征。每个卷积核都相当于一个小的滑动窗口，在输入数据上滑动并执行卷积运算，从而产生一组特征映射。

（3）池化层：通常位于卷积层后面，它的主要作用是进行下采样，减少数据的维度，同时保留重要特征。池化操作可以是最大池化、平均池化等。

（4）全连接层：通常位于网络的后部，负责接收前面各层的输出，并完成最终的分类或回归任务。

在训练过程中，卷积神经网络通过反向传播算法调整网络参数，不断优化模型的输出结果。

卷积神经网络与人类大脑的视觉处理区域有很多相似性，具体表现在以下几个方面。

（1）结构和功能：卷积神经网络和大脑的视觉处理区域都具有层次结构，从原始输入数据中逐层提取特征。在卷积神经网络中，输入图像数据经过卷积层、池化层等逐层处理，提取出来的是越来越抽象的特征。在大脑视觉处理区域中，视觉信息通过视网膜、视神经、视皮质等逐层处理，提取出来的也是越来越抽象的特征。

（2）局部连接和权重共享：卷积神经网络中的神经元采用局部连接的方式，每个神经元只与输入数据的一个局部区域相连，这降低了模型的复杂度；同时，同一层中的不同神经元使用相同的卷积核，实现了权重共享，这使得模型能够更好地捕捉到输入中的重复模式。这种局部连接和权重共享的方式与大脑视觉处理区域中神经元的连接方式类似，表明了卷积神经网络与大脑视觉处理区域的相似性。

（3）空间不变性：卷积神经网络中的池化操作实现了空间不变性，即无论输入图像在空间中的位置如何变化，模型都能够准确地对其进行识别。这种空间不变性与大脑视觉处理区域的特性相似，因为在识别物体时，物体的位置、大小、旋转角度等因素并不会影响人类对其的认知。

（4）特征提取和识别：卷积神经网络能够自动从输入数据中学习并提取特征，这使得它在图像识别、语音识别等领域具有显著的优势；同样，大脑视觉处理区域能够自动提取并识别图像中的特征，如人脸的形状、眼睛的位置等，从而实现物体的认知。

卷积神经网络在图像识别、语音识别、自然语言处理、医学影像分析、推荐系统等领域有着广泛应用。

（1）图像识别：卷积神经网络可以通过对图像进行逐层特征提取，完成对人脸识别、物体检测、图像分类等任务的准确处理。例如，经典的 AlexNet 模型在 2012 年的 ImageNet 图像分类挑战赛中取得了突破性的成绩，开启了深度学习在图像识别领域的广泛应用。

（2）语音识别：卷积神经网络可以通过对语音信号进行特征提取和分类，完成语音转文字、语音合成等任务。例如，谷歌的语音识别系统就基于卷积神经网络的强大功能。

（3）自然语言处理：卷积神经网络可以通过对文本进行逐层特征提取和语义理解，完成文本分类、情感分析、机器翻译等任务。例如，循环神经网络和卷积神经网络结合的模型在机器翻译领域取得了显著成果。

（4）医学影像分析：卷积神经网络可以对医学影像进行逐层特征提取和疾病诊断，完成肿瘤检测、疾病预后分析等任务。例如，深度学习算法在乳腺癌检测中的应用已经得到了广泛认可。

（5）推荐系统：卷积神经网络可以通过对用户行为数据的特征提取和分析，完成个性化推荐任务。例如，YouTube 的推荐系统就基于卷积神经网络的强大功能，可以根据用户的观看历史和兴趣偏好，为用户推荐相关的视频内容。

近年来，随着计算机技术的发展和大数据的普及，卷积神经网络的研究和应用也取得了更大的进展。例如：残差网络的出现使得卷积神经网络可以设计得更深入，从而更好地处理复杂数据；注意力机制（Attention Mechanism）的引入使得卷积神经网络可以更好地关注输入数据的不同部分；新型的正则化技术如 Dropout、Batch Normalization 等，进一步提高了卷积神经网络的性能和稳定性。

12.4

AlexNet 模型

AlexNet 模型由 5 个卷积层和 3 个全连接层组成，其中每个卷积层都包含一些小的卷积核，用于提取图像中的局部特征。这些特征经过池化层和全连接层的处理后，最终输出一个分类结果。AlexNet 模型的基本结构如图 12.5 所示。

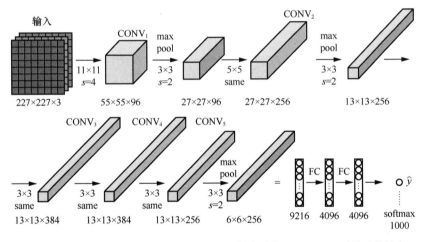

FC—全连接层；CONV—卷积层；max pool—最大池化；same——种特殊的填充方式，以便卷积操作后输出特征图的大小与输入图保持相同

图 12.5 AlexNet 模型的基本结构

AlexNet 模型的创新点主要体现在以下几个方面。

（1）采用 GPU 加速训练：在训练过程中，AlexNet 模型使用了 GPU 进行加速，使得训练速度得到了极大的提升。这一举措也为后续的深度学习研究提供了新的加速方法。

（2）使用 ReLU 激活函数：在之前的卷积神经网络中，常用的激活函数是 sigmoid 或 tanh 等。但 AlexNet 模型采用了 ReLU 激活函数，这使得该模型在训练过程中更容易收敛，且减少了梯度消失的问题。

（3）使用 Dropout 正则化：为了防止过拟合问题，AlexNet 模型在训练过程中使用了 Dropout 正则化技术。该技术随机将一部分神经元置为 0，这使得该模型在训练过程中更加健壮，并降低了过拟合的可能性。

（4）使用数据增强技术：为了提高泛化能力，AlexNet 模型在训练过程中使用了数据增强技术。该技术通过对图像进行旋转、平移、缩放等操作，增加了训练数据的多样性，从而提高了该模型的泛化能力。

（5）使用多 GPU 训练：在之前的深度学习研究中，使用多 GPU 训练模型是一个难题。但 AlexNet 模型通过改进训练算法，成功地实现了多 GPU 训练，这进一步加快了该模型的训练速度。

AlexNet 模型是深度学习领域的一个重要里程碑，它的历史意义深远。在 AlexNet 模型之前，深度学习已经经历了一段漫长的发展历程，AlexNet 模型的出现彻底改变了深度学习的格局。

AlphaGo

在 AI 的历史长河中，许多里程碑式的成就标志着技术的不断进步。其中，AlphaGo 无疑是围棋领域最具代表性的成果之一。这款由英国 DeepMind 公司开发的 AI 程序，凭借卓越的棋艺和创新的科技，成为了围棋界的"风云人物"。

在 AI 领域，游戏一直被视为复杂思维和决策制订的理想测试平台。围棋因其复杂性和策略性，成为 AI 领域最具挑战性的游戏之一。为了破解围棋这一千年难题，DeepMind 公司的研究员开始着手开发一种新的 AI 程序。

经过数年的努力，AlphaGo 于 2016 年正式问世。这款 AI 程序通过自我对弈和强化学习技术，不断提升自己的围棋水平。同年，AlphaGo 与韩国围棋名将李世石进行了一场备受瞩目的比赛。最终，AlphaGo 以 4∶1 的成绩战胜了李世石，这一刻成为了 AI 历史上的里程碑。

AlphaGo 的核心技术主要包括深度学习和强化学习。在深度学习方面，AlphaGo 采用卷积神经网络对棋局进行评估和预测。通过大量的数据训练，卷积神经网络逐渐学会了如何判断局势和选择最佳的落子位置。此外，AlphaGo 使用强化学习技术来优化决策过程。它通过与自己进行大量对弈，不断调整策略并逐渐提高胜率。除了深度学习和强化学习技术，AlphaGo 还运用了蒙特卡洛树搜索（Monte Carlo Tree Search，MCTS）算法来扩展搜索空间。通过模拟大量可能的棋局发展，MCTS 算法为 AlphaGo 提供了更多可选的策略和落子位置。

自 2016 年以来，AlphaGo 已经与多位世界围棋冠军进行了数十场对弈。其中，最为引人瞩目的是 AlphaGo 与李世石、柯洁等顶尖棋手的对决（图 12.6）。这些比赛不仅成为了围棋历史上的经典之战，也引发了全球对围棋和 AI 的关注热潮。

图 12.6 柯洁对战 AlphaGo

在每场比赛中，AlphaGo 都会通过深度学习和强化学习技术对棋局进行评估与预测。它能够迅速判断局势、选择最佳的落子位置并制订出最佳策略，而人类棋手需要经过长时间的思考和计算才能做出决策。因此，在大多数比赛中，AlphaGo 都以绝对的优势赢得了胜利。

面对 AlphaGo 的强大实力，人类棋手既震惊又敬佩。他们在比赛中尽力去挑战 AI，但往往以失败告终。然而，这些失败的经历并没有打击他们的信心，反而让他们更加深刻地认识到了 AI 的强大和自身的不足。许多棋手表示，与 AlphaGo 的对弈让他们重新认识了围棋的本质和自己的决策过程。他们开始反思自己的策略和思维方式，并尝试从 AI 身上学习到更多的东西。此外，AlphaGo 的出现也推动了围棋教育的创新和发展，许多围棋学校开始引入 AI 技术辅助教学，以帮助棋手提高棋艺。

AlphaGo 与人类棋手的对弈不仅是一场智慧的碰撞，更是一次跨界的交流与合作。这场对弈让人们看到了 AI 在围棋等智力游戏中的巨大潜力，也让人类更加深入地思考 AI 的发展及其对人类社会的影响。

随着 AI 技术的不断进步和发展，越来越多的 AI 程序开始涉足智力游戏领域。这些 AI 程序的强大实力不仅挑战了人类的智慧极限，也为游戏开发者提供了新的思路和方向。同时，这些 AI 程序的出现也引发了人们对 AI 道德和伦理问题的关注与讨论。如何在推动 AI 发展的同时，保障人类的权益和尊严，成为了一个亟待解决的问题。

总之，AlphaGo 与人类棋手的对弈是人类智慧与 AI 的精彩碰撞。它不仅展示了 AI 在围棋领域的强大实力和广阔应用前景，也引发了人们有关 AI 道德、伦理和教育的思考与探讨。未来，随着 AI 技术的不断进步和发展，以及 AI 在各个领域的广泛应用，我们期待看到更多精彩的交流与合作。

第 十三 章

大模型

在当今科技的浪潮中，大模型正以前所未有的力量重塑着我们对 AI 的认知。

在 AI 发展的早期，模型相对简单，处理能力和表现都十分有限。随着技术的进步，科学家不断追求更强大、更智能的模型。

注意力机制的引入，堪称大模型发展中的一个关键转折点。它让模型学会了聚焦和筛选重要信息。这一创新使得模型在处理数据时更加高效和精准；Transformer 模型的出现，则为大模型的发展奠定了坚实的基础。它以其独特的架构和强大的性能，在自然语言处理等领域展现出了惊人的能力。

OpenAI 作为 AI 领域的重要参与者，为大模型的发展做出了卓越贡献。从 GPT 系列模型的诞生到不断升级，每一次的突破都吸引着全世界的目光。

对于即将到来的 GPT-5，人们充满了期待。它有望在多模态功能、主动学习能力和参数规模等方面实现重大突破，向着 AGI 的目标更进一步。

大模型的发展并非一帆风顺，其中涉及海量的数据处理、复杂的算法优化和巨大的计算资源消耗等诸多难题。但科学家凭借着坚定的信念和不懈的努力，不断攻克难关，推动着大模型的发展。

大模型的崛起不仅改变了我们对 AI 的理解，也在众多领域带来了深刻的变革。在自然语言处理、图像识别、语音交互等方面，大模型的应用不断拓展，为人们的生活和工作带来了前所未有的便利。

接下来，让我们更深入地探究大模型发展历程中的细节。

注意力机制

目前，在 AI 领域，神经网络已经成为处理复杂数据和实现高级认知的重要工具。其中，注意力机制是一种具有重大突破的创新，它赋予了神经网络更加敏锐的洞察力和更高效的学习能力。这一机制在语音识别、图像处理、自然语言处理等领域都发挥了巨大的作用。

注意力机制的提出可以追溯到 20 世纪 90 年代，当时，科学家开始深入研究神经网络，以解决复杂的视觉和语言问题。在这个过程中，他们发现当神经网络处理复杂数据时，所有的输入信息都需要被平等地处理，这导致了计算资源的浪费，并且限制了网络处理大量数据的能力。为了解决这个问题，科学家引入了注意力机制，允许网络将更多的资源集中在那些更有意义的输入上，从而提高了网络的效率和准确性。

注意力机制的核心思想在于，将输入数据与一个权重矩阵进行乘法操作，这个权重矩阵是由神经网络学习得到的。这个权重矩阵可以看作对输入数据的重要性的度量，权重较高的部分表示该部分数据对输出结果的影响较大，因此在计算过程中会得到更多的关注。

具体来说，注意力机制的计算过程可以分为以下步骤。

（1）对输入数据和权重矩阵进行线性变换。

（2）通过使用 softmax 激活函数对变换后的结果进行归一化操作。

（3）对归一化后的结果与输入数据进行加权求和，得到最终的输出结果。

通过这种方式，神经网络可以更加聚焦于输入数据中与输出结果关系密切的部分，从而提高了网络的性能。

神经网络中的注意力机制可以类比为人类思考中的注意力机制。以下举几个例子来说明注意力机制的含义和应用。

（1）阅读一篇文章时，人们的注意力通常集中在文章的主题和关键信息上。通过关注文章中的重要段落和句子，人们可以更好地理解文章的内容。与之类似，神经网络中的注意力机制可以帮助计算机更好地理解输入序列中的重要信息，从而更好地模拟人类的阅读理解能力。

（2）在一幅图像中寻找特定目标时，人们会将注意力集中在图像中与目标相关的区域，并忽略其他不相关的信息。与之类似，神经网络中的注意力机制可以帮助计算机在图像中定位到与目标相关的区域，从而提高目标检测的准确性。

例如，人类在看到图 13.1 所示的猎豹图片时，注意力主要集中在猎豹的头部、腿部和尾部。

图 13.1　人类看到猎豹图片时的注意力集中区域

（3）在推理和决策过程中，人们通常会考虑各种信息和因素，并给予它们不同的权重。例如，当评估一个投资机会时，人们会考虑财务状况、行业前景和市场趋势等因素。与之类似，神经网络中的注意力机制可以赋予输入序列中的不同部分不同的权重，从而更好地模拟人类的推理和决策过程。

（4）分析他人的情感时，人们会关注语言中的语气、用词和情感色彩等因素。通过关注这些因素，人们可以更好地理解说话者的情感状态。与之类似，神经网络中的注意力机制可以帮助计算机更好地分析文本中的情感色彩，从而更好地模拟人类的情感分析能力。

总之，神经网络可以更好地模拟人类的思考和行为。

自提出以来，注意力机制在各个领域的应用逐渐得到广泛发展。在自然语言处理领域，注意力机制被广泛应用于机器翻译、文本分类等，通过赋予不同的词语不同的权重，模型可以更好地理解原始文本的含义，并将其转化为目标语言；在图像处理领域，注意力机制被用于目标检测、图像分割等，通过关注图像的不同区域，模型可以更准确地定位目标物体并对其进行分割；此外，在语音识别、推荐系统等领域，注意力机制也发挥了重要的作用。

注意力机制的发展历史见证了一系列重要事件和科学家的贡献。从早期的自回归模型到 Transformer、BERT 和 GPT-3 等先进模型的应用，科学家不断探索和发展这一强大技术。随着技术的不断发展，注意力机制将在未来继续为 AI 领域带来更多的突破和创新。

13.2

Transformer 模型

　　Transformer 模型最初是在 2017 年的论文"Attention is All You Need"中被提出的。该论文介绍了 Transformer 架构在自然语言处理（Natural Language Processing，NLP）领域的应用，并展示了其优秀的性能和并行计算能力。随着研究的深入，Transformer 模型逐渐成为自然语言处理领域备受关注的模型，广泛应用于机器翻译、文本分类、语音识别等。

　　Transformer 模型的结构主要包括输入嵌入层、自注意力机制层、前馈神经网络层和输出层，如图 13.2 所示。在训练过程中，它首先通过输入嵌入层将输入序列转化为向量形式，然后通过自注意力机制层对输入序列进行建模，捕捉输入序列中的上下文信息。接下来，前馈神经网络层对自注意力机制层的输出进行进一步的处理，以生成最终的输出。最后，输出层将输出映射到目标空间。训练过程采用随机梯度下降等优化算法进行模型的参数更新，以最小化预测误差。

　　Transformer 模型的输入嵌入层中输入的是词嵌入向量，这些向量通过随机初始化并经过训练学习得到。词嵌入向量将单词表示为向量形式，以捕捉单词之间的语义关系。

　　自注意力机制层是 Transformer 模型的核心组成部分。它通过对输入序列中的每个位置进行编码，并使用这些编码来计算出一个权重分布，从而对输入序列进行建模。这个权重分布可以反映出输入序列中每个位置的重要性，帮助神经网络更好地理解输入序列的含义。自注意力机制的计算过程如下。

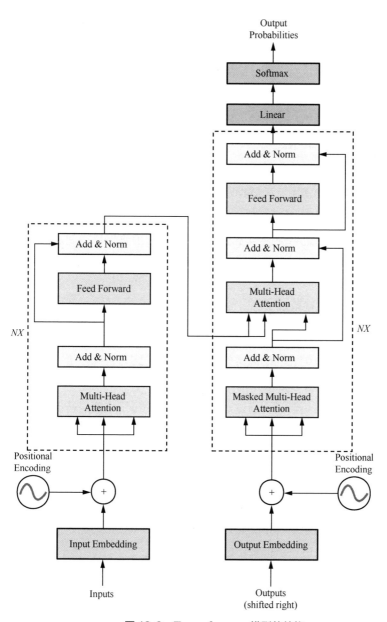

图 13.2 Transformer 模型的结构

（1）对输入序列中的每个位置进行编码，得到一系列向量。这些向量可以表示输入序列中的各个单词或字符。

（2）通过计算这些向量之间的点积，得到一个权重分布。这个权重分布可以反映出输入序列中每个位置的重要性。

（3）将权重分布应用于输入序列中的每个位置，得到一个加权平均值，作为该位置的表示。

前馈神经网络层的作用是对自注意力机制层的输出进行进一步的处理，以生成最终的输出。前馈神经网络层由多个全连接层组成，每个全连接层都采用 ReLU 激活函数。

输出层的作用是将前馈神经网络层的输出映射到目标空间。对于机器翻译任务，输出层通常采用语言模型的解码器部分，将翻译后的句子编码为向量形式。

我们可以通过简单的类比来理解 Transformer 模型的结构。

（1）输入嵌入层：将输入序列中的每个单词或字符转换为向量表示，这些向量会捕捉单词之间的语义关系。这可以类比为人类思维中的词汇库，人们通过词汇库来理解和记忆单词的含义。

（2）自注意力机制层：通过对输入序列中的每个位置进行编码，并计算出一个权重分布，从而对输入序列进行建模。这可以类比为人类思维中的注意力分配，人们可以通过关注不同的细节来理解输入序列的含义。

（3）前馈神经网络层：对自注意力机制层的输出进行进一步的处理，以生成最终的输出。这可以类比为人类思维中的联想记忆，人们通过已有的知识和经验来进一步理解和处理输入序列。

（4）输出层：将前馈神经网络层的输出映射到目标空间，从而得到最终的输出结果。这可以类比为人类思维中的判断和推理，人们通过已有的知识与经验来推断和判断输出结果。

　　Transformer 模型的出现对机器翻译产生了深远的影响。传统的机器翻译方法主要基于循环神经网络，但循环神经网络存在梯度消失和梯度爆炸等问题，难以训练出高性能的模型。而 Transformer 模型通过自注意力机制解决了这些问题，使得机器翻译的性能得到了大幅提升。目前，大多数先进的机器翻译系统采用了 Transformer 架构或其变体。

　　Transformer 模型的出现为大模型的发展提供了基础。随着数据量的增加和计算资源的提升，越来越多的研究者开始尝试训练更大规模的模型。例如，GPT 系列模型和 BERT 模型都是基于 Transformer 架构的大型预训练语言模型，它们在各种自然语言处理任务中都取得了突破性的成果。此外，Transformer 模型启发了人们进行视觉领域的研究，出现了 ViT 等基于视觉 Transformer 的大型预训练模型。这些大模型的发展为自然语言处理和计算机视觉等领域的研究与应用带来了更多的可能性。

13.3
OpenAI 和 GPT

在 AI 领域，OpenAI 和 GPT 的故事已经成为了一段传奇。自 2015 年成立以来，OpenAI 一直在推动 AI 的发展，以期实现 AI 的公共利益。而 GPT 作为 OpenAI 的一个重要成果，自 2018 年推出以来，已经成为了自然语言处理领域的里程碑。

OpenAI 的创始人包括埃隆·马斯克、萨姆·奥尔特曼、格雷格·布罗克曼、伊利亚·苏茨克维尔和于尔根·施米德胡贝。他们的共同目标是推动 AI 的发展，并确保 AI 的安全性和公平性。他们认为，AI 的发展应该服务于全人类，而不是被少数几家大型科技公司所垄断。

马斯克是特斯拉、SpaceX 和 Neuralink 的创始人，他一直致力于推动电动汽车、太空探索和脑机接口技术的发展，2018 年 2 月，马斯克退出 OpenAI。奥尔特曼是 Y Combinator 的创始人，他致力于扶持初创企业并推动科技创新。布罗克曼是特斯拉的前工程师，他曾在特斯拉负责自动驾驶技术的研发。苏茨克维尔是深度学习领域的知名学者，他在 Google X 实验室的研究项目谷歌大脑中担任要职，曾领导谷歌公司的机器翻译和图像识别项目。施米德胡贝是深度学习领域的先驱之一，他在德国马克斯·普朗克科学促进学会（简称马普学会）和瑞士苏黎世联邦理工学院担任教授，曾获得过多个国际机器学习比赛的奖项。

GPT 模型是一种基于神经网络的自回归语言模型，使用了 Transformer 模型的解码器部分。为了预训练 GPT 模型，研究团队使用了两个大规模的语料库：BookCorpus 和维基百科。

以下是 GPT-1 的主要技术特点。

（1）基于 Transformer 架构。GPT-1 采用了 Transformer 架构，其中包括多头自注意力机制和前馈神经网络。这使得 GPT-1 可以在处理自然语言时捕捉长距离依赖性，并且具有高效的并行性。

（2）预训练技术。GPT-1 使用了一种称为"生成式预训练 Transformer"（Generative Pre-trained Transformer，GPT）的技术。这一技术分为两个阶段，即预训练和微调。在预训练阶段，GPT-1 使用了大量的无标注文本数据集，如维基百科和网页文本等，通过最大化预训练数据集上的 log-likelihood 来训练模型参数。在微调阶段，GPT-1 将预训练模型的参数用于特定的自然语言处理，如文本分类和问答系统等。

（3）多层模型。GPT-1 模型由多个堆叠的 Transformer 编码器组成，每个编码器包含多个自注意力头和前馈神经网络。这使得 GPT-1 模型可以从多个抽象层次对文本进行建模，从而更好地捕捉文本的语义信息。

通过上述预训练，研究团队成功地训练出了一个大规模的语言模型。该模型在多项语言理解任务上取得了显著的成果，包括阅读理解、情感分类和自然语言推理等。通过微调 GPT-1 模型，可以针对特定的任务进行优化，如文本生成、机器翻译和对话系统等。

GPT-2 主要解决的问题是利用大规模未标注的自然语言文本来预训练一个通用的语言模型，以提高自然语言处理的能力。与 GPT-1 模型不同的是，GPT-2 模型使用了更大的模型规模和更多的数据进行预训练，同时增加了许多新的预训练任务。在成果方面，GPT-2 模型在许多自然语言处理任务上取得了显著的成果，如问答系统、文本分类、命名实体识别、语言推理等。此外，GPT-2 模型还在生成文本方面表现出色，能够生成具有高逼真度的连贯文本，并且可以根据用户提供的开头和主题生成长篇文章。

GPT-3 主要解决的问题是如何使一个预训练的语言模型具有迁移学习的能力，即在只有少量标注数据的情况下，如何能够快速适应新任务。

GPT-3 模型采用了基于 Transformer 的架构，与 GPT-2 类似，但是在模型规模、预训练数据量和使用的预训练任务上都有所增加。GPT-3 模型的规模为 1750 亿个参数，是 GPT-2 参数的 100 倍以上。GPT-3 使用了多个来源的数据，包括互联网上的文本、书籍、新闻和维基百科等，这些数据经过清洗和处理后，用于预训练和微调。

GPT-3 在多项自然语言处理任务上表现出了惊人的能力。在自然语言处理任务中，GPT-3 模型的准确率达到了近 80%，超过了当时最好的模型；在问答任务中，GPT-3 模型只需要给出几个样例输入就能够完成对新问题的回答；在生成文本任务中，GPT-3 模型能够生成逼真、连贯、富有创造性的文本，甚至可以写出短故事、诗歌和新闻报道等。

此外，GPT-3 模型还具有零样本学习的能力，即能够在没有任何样本数据的情况下进行学习和预测。例如，当给定一项新的任务和一些文字描述时，GPT-3 模型能够基于文字描述自动推理出该任务的执行过程。

总之，GPT-3 模型的能力已经超出了传统的自然语言处理模型，展示了无监督学习和迁移学习在自然语言处理领域的潜力与前景。

使语言模型更大并不意味着它们能够更好地遵循用户的意图，如大型语言模型可以生成不真实、有害或对用户毫无帮助的输出，即这些模型与其用户不一致。如何让语言模型更好地遵循人类给出的指令并在实践中实现，这是 InstructGPT 模型主要解决的问题。该模型可广泛应用于自然语言生成、对话系统和语言翻译等领域。

InstructGPT 模型在 GPT-3 模型的基础上进一步得到了强化。

InstructGPT 使用来自人类反馈强化学习 (Reinforcement Learning from Human Feedback，RLHF) 的方案，通过对大语言模型进行微调，从而在参数减少的情况下，实现优于 GPT-3 模型的功能。

OpenAI 在 GPT-3 模型的基础上，根据 RLHF 方案训练出奖励模型，以训练学习模型（即使用 AI 训练 AI 的思路）。具体来说，OpenAI 的训练过程包括以下步骤。

（1）定义指令：定义人类需要模型生成的语言指令集合。这些指令通常是与任务相关的，如完成一项任务或回答某个问题。

（2）生成指令：通过 InstructGPT 模型生成一个或多个备选指令，每个指令都对应一个相应的生成概率。这些备选指令会显示在屏幕上供人类评估。

（3）人类反馈：人类对生成的备选指令进行评估，并提供一个奖励信号，表示该指令与预期指令的匹配程度。

（4）强化学习训练：根据人类反馈，训练模型优化生成指令的质量。具体来说，就是使用强化学习算法，将生成的指令和人类反馈作为训练数据，迭代训练模型，以最大化生成指令的奖励信号。

OpenAI 的优点是可以让语言模型更加有针对性地生成文本，以适应特定任务或场景，并且可以根据人类反馈进行动态调整，提高生成文本的质量和多样性。

InstructGPT 模型的结果表明，在接受足够反馈的情况下，其可以在大多数指令数据集上达到 95% 以上的准确率，超过了其他常用模型。此外，InstructGPT 模型展示了其在指令执行、对话系统和游戏中的应用能力。例如，它可以在指令行动游戏中成功地执行多个连续的指令，如向右移动、跳跃、开门等，还可以在对话系统中遵循用户的指令来进行对话。

ChatGPT 是 OpenAI 在 2022 年基于 GPT-3 模型的升级版

（图 13.3），主要针对对话任务进行了优化，增加了对话历史的输入和输出，以及对话策略的控制。ChatGPT 在对话任务上表现出色，可以与人类进行自然而流畅的对话。

图 13.3　ChatGPT 的标志

13.4
GPT-4 和 GPT-4V

GPT-4 是 OpenAI 在 2023 年发布的新一代模型，GPT-4V 是具备多模态能力的新一代模型。

在随意谈话中，GPT-3.5 和 GPT-4 之间的区别是很微妙的。但当任务的复杂性达到足够的阈值时，差异就出现了，GPT-4 比 GPT-3.5 更可靠、更有创意，并且能够处理更细微的指令。为了解这两种模型之间的差异，OpenAI 在各种基准测试和一些为人类设计的模拟考试中进行了测试。

GPT-4 在人类的各种考试中都有令人满意的表现：在美国 BAR 律师执照统考中，GPT-3.5 可以达到 10% 的水平（成绩高于 10% 的应试者），GPT-4 可以达到 90% 的水平；在生物奥林匹克竞赛中，相比于 GPT-3.5 的 31% 的水平，GPT-4 直接飙升到 99%。

此外，OpenAI 还在为机器学习模型设计的传统基准上评估了 GPT-4。从实验结果来看，GPT-4 大大优于现有的大语言模型和大多数 SOTA（State of the Art，当前最佳）模型。

由于 GPT-4 模型并未开源，下面是一些对 GPT-4 技术的猜测。GPT-4 模型在 120 层中共包含了 1.8 万亿个参数，而 GPT-3 只有约 1750 亿个参数，也就是说，GPT-4 的规模是 GPT-3 的 10 倍以上。为了保持合理的成本，OpenAI 采用了混合专家模型来进行构建，具体而言，GPT-4 拥有 16 个混合专家模型，每个混合专家模型都大约有 1110 亿个参数。其中，有两个混合专家模型被用于前向传播。此外，模型中有大约 550 亿个参数被用作注意力机制的共享。在每次的前向传播推理（生成一个 token）中，GPT-4 模型只需要使用大约 2800 亿个参数和 560TFLOPS(万亿次浮点运算每秒，即每秒峰值速度)。

OpenAI 用 13 万亿个 token 训练出了 GPT-4 模型。在 Scale AI 和数据集内部，还包含了数百万行的指令微调数据。在预训练阶段，上下文长度达到了 8k（token），而 32k 的版本是基于预训练后的 8k 版本微调而来的。

OpenAI 训练 GPT-4 模型的速度约为 2.15×10^{25}TFLOPS，在大约 25000 个 A100 GPU 上训练了 90~100 天，利用率为 32%~36%。这种极低利用率的部分原因是故障数量过多，这就导致需要重新从之前的检查点开始训练。如果 OpenAI 云计算的成本是每小时每个 A100 为 1 美元，那么在这样的条件下，训练成本大约是 6300 万美元，且不包括所有的实验、失败的训练和其他成本，如数据收集、RLHF、人力成本等。

GPT-4 模型的多模态能力是在文本预训练之后，使用了大约 2 万亿个 token 进行了微调。而 GPT-5 模型的训练应该从零开始训练视觉模型，且能够生成图像，甚至生成音频。这种视觉能力的主要目的之一，是使自主智能体阅读网页，并转录图像、视频中的内容。

值得一提的是，OpenAI 用来训练多模态模型的数据包括联合数据（LaTeX/ 文本）、网页屏幕截图、YouTube 视频（采样帧和运行 Whisper 时获取的字幕）等。

13.5
GPT-5

　　GPT-5 模型在 GPT-4 模型的基础上增加了许多新的功能，几乎每一项都剑指 AGI。GPT-5 模型在多模态功能方面进行了加强，包括文本或语音的翻译、语音识别、生成文本或语音等。这一功能的加强不仅提高了 GPT-5 模型的实用性，还使其在 AGI 方面更有优势。

　　另外，GPT-5 模型可能具备学习、分析、分类和回应数据的功能。这意味着 GPT-5 模型将不再是依赖于人类提供数据的被动学习模型，而是能够主动地选择、获取和处理数据的模型。这样的主动学习能力使得 GPT-5 模型能更加灵活地应对不同的数据环境和任务场景，进一步接近实现 AGI 的目标。

　　参数规模的增加对于提升 GPT-5 模型的计算能力和性能至关重要。更大的参数规模意味着模型能够处理更加复杂的数据和任务，具备更强的计算能力和学习能力。这为 GPT-5 模型的性能提升和功能丰富打下了坚实的基础，为实现 AGI 提供了巨大的潜力。

　　虽然目前 GPT-5 模型仍处于理论概念的阶段，但它有望在未来重新定义 AI 的发展，并有可能实现 AGI。特别是在多模态功能的加强和参数规模的提升之下，GPT-5 模型具备了更强大的处理能力和学习能力，能够更好地理解语言和数据，并生成更加准确、丰富的内容。

　　据一些行业人士估计，GPT-5 模型将于 2024 年完成训练，并且 OpenAI 期望基于它实现 AGI。

　　我们可以预期 GPT-5 模型将在参数数量和数据规模上有一个巨大的跃升。根据之前 GPT 系列的发展趋势，每个版本的参数数量都是前一个版本的 10 倍左右。因此，我们可以估计 GPT-5 模型将拥有 16 万亿个参数，相当于 10 个 GPT-4 模型或 1000 个 GPT-3 模型。同样，其数据规模也可能是 GPT-4 模型的 10 倍左右，达到 4PB（即 4096TB）。这意味着 GPT-5 模型将能够处理整个互联网上几乎所有可用的文本数据。GPT-5 模型的训练可能需要 30000~50000 块英伟达公司最新生产的 GPU H100 芯片来完成。

GPT-5 模型将在性能和功能上有一个质的飞跃。根据一个神秘团队的预测，GPT-5 模型将在可靠性、创造力和适应复杂任务方面全面超越其前任，并带来一系列令人兴奋的新功能和增强的性能。

（1）根据用户的特定需求和输入变量进行定制，提供更个性化的体验。允许用户调整 AI 的默认设置，包括专业性、幽默程度等。

（2）自动将文本转换为不同格式，如静态图像、短视频、音频和虚拟模拟。

（3）高级数据管理能力，包括记录、跟踪、分析和共享数据，从而简化工作流程并提高生产力。

（4）辅助决策，即通过提供相关信息和见解，协助用户做出明智的决策。

（5）增强 AI 对自然语言的理解和响应，使其更接近人类。

（6）集成机器学习，允许 AI 不断学习和改进，随着时间的推移适应用户需求和偏好。

虽然我们不知道 GPT-5 具体会在什么时候出现，也不知道它会给我们带来什么样的影响，但可以确定的是，GPT-5 的问世将是一个历史性的事件，值得我们期待和关注。

人类正在无限接近智能的奇点。

第三篇

人类的未来

第 十四 章

宇宙的奥秘源自
对称性破缺

在广袤无垠的宇宙中，隐藏着无数的奥秘等待着我们去探索。其中，对称性及其破缺现象，犹如宇宙深处的神秘密码，蕴含着宇宙运行和演化的关键线索。

从宏观的天体运行到微观的粒子世界，对称性无处不在。在物理学中，这种对称性不仅是外在的形态，更是物理规律的内在本质。它意味着在某些特定的变换下，物理规律保持不变。

然而，这种对称性并非永恒不变。对称性破缺，这一神秘的现象，如同宇宙演化的导火索，引发了一系列深刻的变化。

在宇宙早期，一切都处于高度对称的状态。那时，各种相互作用可能是统一的，没有明显的区分。但随着宇宙的不断膨胀和冷却，对称性开始逐渐破缺，这导致了不同相互作用的分离，这不仅塑造了我们所熟知的物质世界，还决定了基本粒子的特性和它们之间的相互作用方式。

在探索对称性破缺的过程中，科学家提出了各种理论和模型。标准模型成功地将电磁相互作用、强相互作用和弱相互作用统一在一个框架下，揭示了微观世界中粒子的相互作用规律；而希格斯机制则解释了粒子如何获得质量，为我们理解宇宙的构成提供了关键的一环。

对称性破缺还与宇宙中的许多现象和物理理论密切相关，如不确定性原理、超导现象、复杂性涌现、生命自组织等。

总之，对称性破缺是宇宙最深层次的奥秘之一。它贯串了宇宙的诞生、演化和发展的全过程，影响着从微观粒子到宏观天体的一切。接下来，让我们走近这一奇妙的现象和理论。

14.1

对称性破缺

　　在人们的日常生活中，对称性是一种无所不在的现象。无论是大自然中的花鸟鱼虫、山川草木，还是人类创造的诸多艺术品，都呈现出对称之美。在物理学这个深奥的领域，对称性同样扮演着非常重要的角色。

　　谈论对称性时，我们通常会考虑几何图形。例如，一个正方形沿对角线折叠后，两边的形状可以完全重合，也就是对称的（图14.1）。这种对称性可以通过数学语言来精确描述。在物理学中，对称性表现为物理规律的某种不变性，即在某种变换操作下，物理规律保持不变。

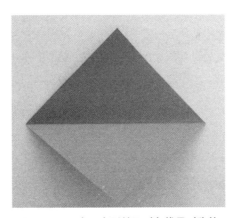

图 14.1　一个正方形关于对角线是对称的

　　爱因斯坦、海森伯等人的统一梦想就是希望找到一种理论（称为大统一理论），可以描述所有自然现象，将它们归结于某种单一的原理或规律。在他们努力实现这个梦想的过程中，对称性扮演了非常重要的角色。科学家相信，宇宙中存在某种对称性，可以帮助人类找到这个统一的理论。

在物理学中，有一个非常重要的定理叫作诺特定理。这个定理告诉我们，每一个连续的对称性都对应着一个守恒量。例如，时间平移对称性对应着能量守恒，空间平移对称性对应着动量守恒，而空间旋转对称性对应着角动量守恒。这些守恒定律在物理学中有着广泛的应用，可以帮助我们理解各种自然现象。

然而，对称性并不总是保持不变的。在某些情况下，对称性可能会被打破。这种现象在物理学中被称为对称性破缺。例如，在宇宙演化的过程中，早期宇宙中的对称性随着时间的推移逐渐被打破，形成了我们今天所见的各种物质和反物质，这对于宇宙的形成和演化具有重要的影响。

对称性破缺是指物理系统从具有高对称性的状态演变为低对称性的状态。这种情况通常出现在物理系统发生变化时，如物质的三态变化。以水为例，当水冷却到冰点以下时，它会从液态转变为固态，即冰。在这个过程中，水分子的排列从无序状态变为有序状态，形成了一个具有六角形结构的晶体。这个转变过程就是一种对称性破缺（图 14.2）。

图 14.2　水在不同状态呈现不同的对称性

除了物质的三态变化之外，自然界还存在许多其他形式的对称性破缺。例如，弱相互作用中的宇称不守恒现象就是一种明显的对称性破缺。宇称是表征粒子或粒子组成的系统在空间反演下变换性质的物理量。在弱相互作用中，一些粒子在空间反演下不再具有相同的性质，这就导致了宇称不守恒的现象。

　　除了明显的对称性破缺之外，还有一种称为对称性自发破缺的现象。这种现象发生在物理系统的拉格朗日量具有某种对称性，但物理系统本身并不表现出这种对称性的情况下。例如，山坡上的一块石头所受的重力作用是对称的，但它的最终位置是不对称的，它会滚落到山坡的某一侧。这种对称性破缺不是物理规律或周围环境的不对称造成的，而是物理系统自身的不稳定性导致的。

　　最早从物理学的角度来探索非对称性和对称性破缺的，是法国物理学家皮埃尔·居里。居里说："非对称创造了世界。"后来，居里发现了物质的居里点（又称居里温度），当温度降低到居里点以下时，物质表现出对称性自发破缺。例如，磁体的顺磁性到铁磁性的转变就属于这种对称性自发破缺。在居里点以上，磁体的磁性随着外磁场的有无而有无，即表现为顺磁性。外磁场消失后，顺磁体恢复到各向同性，是没有磁性的，因而具有旋转对称性。当温度从居里点开始降低时，磁体成为铁磁体而有可能恢复磁性。如果此时仍然没有外界磁场作用，铁磁体就会随机地选择某一个特定的方向为最后磁化的方向。因此，物体在该方向表现出磁性，使得旋转对称性不再保持，即顺磁体转变为铁磁体的相变表现为旋转对称性的自发破缺。

　　在宇宙的早期，没有星球，没有原子、分子、电子，整个世界是一团混沌。当时，宇宙中现有的 4 种基本相互作用表现为一种统一的形式。也就是说，在大爆炸后的极早期，宇宙是完全对称的，所有的作用都是统一的。但之后为什么会分裂成 4 种不同的相互作用呢？

对称性破缺是现代宇宙起源和存在的原因。它影响了我们身边的一切，包括时间和空间、天体、物质、生命，以及我们所认知的整个宇宙图景。在大爆炸后，随着温度下降，对称性开始破缺，引力作用首先分离出来，接着是强相互作用，最后剩下了电弱相互作用统一的情况。后来，宇宙开始了大范围的变化，由于对称性的自发破缺形成了各种微小的粒子，这些粒子又因为各种力的相互作用而结合成更为复杂的原子、分子、星球、星系等，直到产生生命，最终形成了我们今天所观察到的宇宙图景。

标准模型

要了解标准模型，首先要清楚的概念是基本粒子。基本粒子是构成物质的基本单元，它们具有内禀属性，如质量和自旋等。标准模型预言了多种基本粒子的存在，包括夸克、轻子、玻色子等。这些基本粒子在相互作用中扮演着不同的角色。标准模型中共有 61 种基本粒子（图 14.3），包含费米子及玻色子——费米子是自旋量子数为半整数并遵守泡利不相容原理（此原理指出没有两个相同的费米子能占有同样的量子态）的粒子，玻色子则拥有整数自旋量子数而并不遵守泡利不相容原理。简单来说，费米子就是组成物质的粒子，而玻色子负责传递各种相互作用。

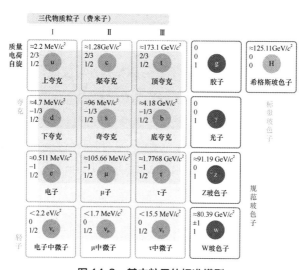

图 14.3 基本粒子的标准模型

规范场和希格斯场是标准模型的核心概念。规范场是一种描述力场的理论工具，可以描述不同粒子之间的相互作用。标准模型中有 4 种不同的规范场，分别对应于电磁相互作用、弱相互作用、强相互作用和引力相互作用。这些规范场都是由规范玻色子传递的。希格斯场是一种充满宇宙空间的场，可以赋予粒子质量——通过与希格斯场相互作用使粒子获得质量。当希格斯场发生对称性自发破缺时，会产生希格斯玻色子，它与普通物质的相互作用较弱。

粒子和力之间也存在着相互作用。这些相互作用包括电磁相互作用、弱相互作用、强相互作用和引力相互作用。在标准模型中，这些相互作用由相应的规范玻色子和希格斯玻色子传递。

标准模型的基本思想包括相对性、局域性、规范不变性、量子化。

（1）相对性：指物理规律在不同的惯性参考系中应该是相同的。

（2）局域性：指物理规律在时间和空间上是有局限性的。相对性和局域性的思想源于量子力学和相对论的理论框架。

（3）规范不变性：指物理规律对于不同的观察者来说应该是相同的，即对于不同的惯性参考系来说应该是相对不变的。这个思想源于物理学中的对称性原理。

（4）量子化：指物理规律应该用量子力学来描述。在量子力学中，粒子的状态是由波函数来描述的。波函数可以描述粒子的位置、动量和自旋等内禀属性。量子化使得我们可以更好地理解微观世界中的粒子行为和相互作用。

高度统一的对称性是电磁相互作用、弱相互作用和强相互作用背后的根源，这一对称性通过规范场论进行揭示。

除了引力相互作用之外，其他 3 种相互作用在对称性上高度统一。然而，这种对称性要求传播子的质量必须为零。若非如此，将打破这种对称性。例如，传递弱相互作用的 W 和 Z 玻色子具有质量，这严重破破坏了规范场论的对称性。在发现希格斯机制之前，物理学家对 W 和 Z 玻色子质量的来源感到困惑。此外，弱相互作用和电磁相互作用的表现形式截然不同。电磁相互作用具有长程性，而弱相互作用的传播范围仅为质子的千分之一，其作用范围甚至无法突破原子核。之所以会出现这种情况，主要是因为传递弱相互作用的传播子具有静止质量。要在规范场论的框架下继续寻求电弱相互作用的统一，必须假设 W 和 Z 玻色子最初并不具有质量，而获得质量是后天因素造成的。1967 年，史蒂文·温伯格、谢尔登·格拉肖与阿卜杜勒·萨拉姆率先应用希格斯机制来解决困扰电弱相互作用统一过程的 W 和 Z 玻色子的质量问题，最终建立了电弱统一理论。

电弱统一理论的成功是标准模型的一次重大胜利。此后，强相互作用也通过量子色动力学被统一到标准模型之中。

质量的起源

在宇宙的起源与演化过程中，希格斯场扮演了关键角色。在大爆炸之后的 10^{-11} s 内，希格斯场经历了一段剧烈的振荡过程。尽管其平均强度为零，但这个场的波动却像 100℃以上的水在沸腾一样。在当时的极高温度（约为 10^{15}℃）下，希格斯场难以保持稳定。这种不稳定性导致的瞬间蒸发就是所谓的"希格斯海"。希格斯场赋予物质质量，也保证了物体不会无限加速（图 14.4）。

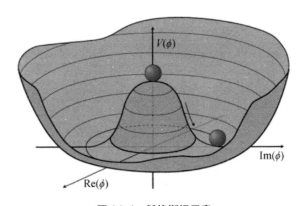

图 14.4　希格斯场示意

在没有希格斯海的情境下，各种粒子的加速运动将不受任何阻碍。这意味着所有粒子（包括电子、上夸克、下夸克和其他各种粒子）的质量将会完全相同——它们都是零。

温伯格、格拉肖与萨拉姆进一步发现，在希格斯海形成之前，各种传递相互作用的粒子（光子、W 玻色子和 Z 玻色子）不仅具有相同的质量（都是零），其他方面在本质上也都一样，在没有希格斯海的情境下，传递电磁相互作用与弱相互作用的信使粒子（分别为光子、W 玻色子和 Z 玻色子，均是玻色子）不会改变物理过程的特性。

当温度足够高时，无处不在的希格斯海将会蒸发消失，此时弱相互作用与电磁相互作用变得毫无二致。温伯格、格拉肖与萨拉姆成功地将电磁相互作用和弱相互作用统一为一种相互作用，即电弱相互作用。

值得注意的是，只有当能量处于高温系统（即希格斯场的相变蒸发）时，粒子才不具有质量。

在宇宙的早期阶段，强相互作用与弱相互作用统一为电核相互作用。传递强相互作用的玻色子（胶子）与传递弱相互作用的玻色子（光子、W 玻色子和 Z 玻色子）的特征和性质都消失了，即它们的物理行为完全一样。

理论指出，只有在大爆炸后的 10^{-35}s 内，温度高于 10^{28}K 时，强相互作用、弱相互作用、电磁相互作用才会统一为一种相互作用。而在低于这个温度后，强相互作用与弱相互作用分离（统一希格斯场凝聚）。后来，在 10^{15}K 以下的温度下，弱相互作用与电磁相互作用也分离（弱电希格斯场凝聚）。值得注意的是，在这些特定的高温下，开尔文（K）和摄氏度（℃）之间的差异可以忽略不计。

在宇宙极端致密的时候，即奇点及大爆炸之始，所有的能量都由希格斯场携带。但此时的希格斯场并不是"统一希格斯场"或"弱电希格斯场"，而是"暴胀希格斯场"，也称为暴胀子场。在大爆炸之后的 10^{-36} ~ 10^{-32}s，宇宙的半径突然至少膨胀了 10^{26} 倍，这就是所谓的"暴胀理论"说法的由来。由于早期宇宙处于混沌状态，无须特殊条件（如希格斯势的草帽形状），自然会随机触发这个指数级的暴胀，因此这种暴胀也被称为"混沌暴胀"。

如果温度低于一个特定的临界值（即大统一温度），则希格斯场会变得不稳定并随即跃迁至最低能量态（即希格斯场的相变凝聚），也就是抵达量子真空态。此后，整个物理系统的连续对称性会自发地打破，导致 W 玻色子和 Z 玻色子、费米子获得质量——这就是大爆炸之后的冷却时刻。在这个时刻，不同的粒子与希格斯场发生不同强度的相互作用，作用的强度决定了粒子的质量。于是，W 玻色子和 Z 玻色子、夸克与轻子等粒子分别获得了各自特定的质量，而光子、胶子没有获得质量。

综上所述，"质量"可以视为宇宙场对称性破缺的结果，而不是粒子的某种固有属性。在这个视角下，"引力子"或许根本就不存在，而引力则是宇宙场的宏观统计效应。

对称性破缺和熵增的关联

对称性破缺和熵增之间有何关联呢？我们可以从以下两个方面来看这个问题。

首先，对称性破缺可以影响物质的分布和运动状态，从而影响熵的增减。例如，在大爆炸后，由于对称性破缺，物质和反物质的数量并不相同，这就导致了物质的聚集和天体的形成。在这个过程中，熵值也在增加。

其次，熵增可以影响对称性的破缺。例如，在宇宙演化过程中，根据熵增原理，物质会向更随意的状态演化。在这个过程中，对称性发生了破缺。因此，我们可以看到这样一个过程：对称性破缺导致了物质的聚集和天体的形成（即局部有序结构的出现），而这个过程又增加了熵值。这个过程体现了物理学中的一个重要思想：有序和无序总是在一定的条件下相互转化的。

当我们将观察的视角从微观提升至宏观时，会发现熵增在时间上表现出一种特殊的对称性破缺。具体来说，熵增导致了时间的单向性，也就是时间之矢。

在微观层面上，粒子的运动和相互作用遵循量子力学与经典力学的规律，这些规律具有时间对称性。这意味着当我们将时间反转时，粒子的行为不会发生改变。例如，考虑一个粒子从 A 点移动到 B 点的过程，如果反向呈现这个过程，则粒子将会从 B 点返回 A 点，这个过程与正向呈现的完全相同。

然而，当从微观层面提升至宏观层面时，情况发生了变化。熵增使时间的对称性被打破，呈现出单向性。熵增原理告诉我们，在一个封闭系统中，熵总是趋向于增加，也就是说，系统总是倾向于向更随意的状态演变。这种趋势可以理解为物质的一种"扩散趋势"，也就是从有序状态向无序状态转化的趋势。

熵增是如何导致时间对称性破缺的呢？熵增可以使物质的运动和分布变得更为复杂与混乱。在一个封闭系统中，随着时间的推移，物质会自然而然地扩散，从而增加了系统的熵值。这种现象是具有时间方向性的，因为只有在时间的推移下，物质才能从有序状态逐渐向无序状态转化。

综上所述，从微观层面上看，时间的对称性并未被打破；然而，当我们把视角提升到宏观层面时，就会发现熵增使时间呈现出单向性。这种对称性的破缺为我们揭示了宇宙演化的一个重要特征：宇宙中的物质和能量在时间的推移下不断向更随意的状态演化。这种演化过程是不可逆的，因为从熵增原理可知熵值的增加是不可逆转的。这也意味着我们不能回到过去，因为过去的状态已经被熵增所改变。

所以，时间之矢或者时间的流逝，本质上就是物理学中的一种时间对称性破缺现象。

不确定性

　　不确定性是量子物理学的标志性特征之一。在经典物理学中，我们能够精确测量物体的位置和动量，而在量子物理学里，一切变得捉摸不定。不确定性原理指出，我们无法同时准确测量微观粒子的位置和动量，其中存在着一种固有的不确定性。这种不确定性并不是仅局限于位置与动量，还涉及其他物理量，如能量和时间等。图 14.5 所示为薛定谔思想实验中的薛定谔猫。根据不确定性原理，它可以处于死和活的叠加态。

图 14.5　薛定谔猫

　　不确定性的存在意味着我们无法准确预测量子系统的行为。即使我们知道初始状态，也无法精确计算出未来的状态。这引发了无数科学家的思考和探索，也催生了量子物理学中许多奇妙的现象和理论。

对称性破缺现象在量子世界尤为常见。不确定性和对称性破缺在量子物理学中展现出一种微妙而紧密的关系。这种关系可以从以下两个层面来理解。

　　（1）不确定性为对称性破缺提供了可能性。由于量子系统存在内在的不确定性，粒子的状态和行为变得不可预测。这种不可预测性意味着在某些情况下，对称性可能会被破坏。不确定性为系统的演化带来了随机性，而随机性为对称性破缺创造了条件。

　　（2）对称性破缺反过来影响了不确定性。当对称性破缺发生时，系统的状态和行为会发生变化，原本的不确定性也可能会受到影响。这种影响可能导致不确定性的提高或降低，这进一步改变了量子系统的演化方式和性质。

14.6

超导

超导现象在 1911 年由海克·卡末林 - 昂内斯首次发现。他发现，在低温（4.2K）下，汞的电阻突然降至零，他称这种性质为超导性。1933 年，迈斯纳和奥克森费尔德又共同发现超导态金属还表现出完全抗磁性，即超导体内的磁场被完全排挤出超导体，磁感应强度为零，这被称为迈斯纳效应。这种零电阻和抗磁性使得超导在许多应用中有巨大潜力，包括无损电力传输、强磁体（如磁共振机器）和未来的量子计算机等。

BCS（Bardeen-Cooper-Schrieffer，巴丁 - 库珀 - 施里弗）理论是解释常规超导现象的一种理论框架。它明确地描述了电子如何通过声子媒介相互吸引，形成库珀对，并导致超导态的形成。BCS 理论不仅解释了超导现象的起因，还预测了其他许多可通过实验观察的结果，如超导转变温度、同位素效应等。晶体结构决定了超导体的超导效果（图 14.6）。

在超导体中，对称性自发破缺发挥着至关重要的作用。库珀对的形成本身就是一种对称性自发破缺过程。电子之间的吸引力促使费米面附近的电子配对，并丧失了原有的对称性。这种对称性自发破缺造成了电子的长程有序态，进而产生了超导现象。可以说，超导现象是对称性自发破缺的一种表现形式。

多年来，科学家通过大量的实验研究和理论分析，逐步揭示了超导与对称性自发破缺之间的关联。例如，通过测量超导体的抗磁性、比热等物理量，可以观察到对称性自发破缺导致的超导体性质变化。同时，基于 BCS 理论等理论框架，科学家成功解释了超导现象中的电子配对机制和对称性自发破缺的起源。

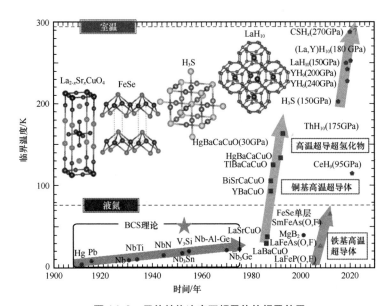

图 14.6　晶体结构决定了超导体的超导效果

复杂性涌现和对称性破缺的关系

在自然界和人造世界中，复杂性涌现和对称性破缺是两个引人注目的现象。复杂性涌现描述的是从简单规则中生成复杂结构和行为的现象，是从大量简单交互中产生的复杂行为。这种涌现不可预测，且往往不具有直观的解释。例如，蚁群的行为、城市的交通模式、互联网的信息传播等都是复杂性涌现的实例。又如，在欧洲常见的椋鸟以其高度的行动协调性与复杂的飞行动作而闻名，在群体层面涌现出复杂形态（图 14.7）。

图 14.7　欧洲的椋鸟在群体层面的复杂形态

复杂性涌现与对称性破缺之间有以下关系。

（1）互为因果：在许多系统中，复杂性涌现往往伴随着对称性破缺。例如，在社交网络中，信息的传播和用户的互动导致网络结构的复杂性提高，而这种复杂性的提高往往破坏了网络的原始对称性。

（2）共同驱动系统演化：复杂性涌现和对称性破缺往往是系统演化的关键驱动力。例如，在生物进化过程中，基因的复制、突变和重组使得生物复杂性涌现，同时破坏了原始基因组的对称性。

（3）相互制约：尽管复杂性涌现和对称性破缺在许多情况下相互促进，但是它们也存在相互制约的关系。在某些系统中，对称性破缺可能会限制复杂性的进一步涌现。这种制约关系确保了系统的稳定性和平衡。

（4）交叉应用：复杂性涌现和对称性破缺的概念与工具在许多领域中有交叉应用。例如，在机器学习中，通过对称性破缺的方法可以提高模型的复杂性，使其能够捕获更多的特征和信息。而在网络科学中，通过研究网络的对称性破缺，可以理解网络的复杂性和结构。

复杂性涌现和对称性破缺是自然界与人造世界中的两种重要现象。它们之间存在着密切的联系，共同驱动着系统的演化和发展。通过深入研究这两者之间的关系，我们可以更好地理解自然现象，设计更复杂的人工系统，并推动科学的进步。在未来的研究中，我们期望看到更多的跨学科合作，以共同探讨这两者的奥秘和应用。

宇宙的复杂性

当我们凝视夜空，被星辰的光辉所震撼时，实际上我们只是触及了宇宙复杂性的冰山一角。宇宙，这个广袤无垠的空间，不仅包含了宏大的星系、无数的恒星和行星，更在其深处隐藏着微妙的、决定自身命运的微观相互作用。这些相互作用，很多源于对称性破缺。

宏观上，星系的旋转、恒星的诞生与死亡、行星间的相对位置，都被对称性破缺产生的相互作用所影响。而微观上，这些相互作用塑造了原子间的化学键、分子的构型，以及驱动生物体系运转的生物分子间的相互作用。

特别值得一提的是生命中的自组织现象，如生命的起源、细胞的分裂、生物的发育等。在生物分子层面，对称性破缺促成了生物分子的多样性和特异性，这些特性使得分子能够相互作用，自组织为各种功能性的细胞结构和器官，最终进化为复杂的生物体。

由此可见，对称性破缺与自组织现象之间存在着紧密的联系。事实上，自组织现象的产生往往伴随着系统内部对称性的降低。这种降低为系统内的个体提供了更多的相互作用的可能性，使得系统能够展现出更为丰富的行为模式。

因此，当尝试理解宇宙的复杂性时，我们不能忽视对称性破缺这一关键因素。它不仅塑造了宇宙的宏观结构，还调控着微观世界的相互作用，为生命的存在提供了基础。

而智能是用来揭示宇宙奥秘的最好工具。

第 十五 章

智能的数学解释

在探索智能的奥秘之旅中，数学宛如一盏明灯，为我们照亮前行的道路。数学的严谨与精确，为我们解读智能的本质提供了独特的视角。

群论与对称性的研究紧密相连，揭示了自然界中各种看似复杂的对称现象背后的规律。通过对群的研究，我们发现对称性破缺竟然隐藏着智能的关键线索。

线性代数作为数学的重要分支，为我们揭示了相关性这一智能的基础。相关性如同连接知识与智慧的桥梁，让我们能够在海量的数据中发现有价值的信息。

微积分的出现，为我们理解世界的变化和非线性现象打开了新的大门。智能与非线性之间的深刻联系，让我们认识到世界并非总是简单的线性叠加，而是充满了复杂和多样的非线性关系。

概率论则为我们处理不确定性提供了有力的工具。在充满未知的世界中，智能需要理解不确定性。从对交通拥堵的预测到人类的认知、决策和学习过程，概率论如同智慧的罗盘，指引我们在不确定性中寻找方向。

而神经元的数学模型让我们进一步深入智能的微观层面。通过相关性计算和非线性函数的结合，神经元模拟了复杂的非线性函数，成为实现智能的基本单元。

在学习的过程中，非线性优化算法如基因算法、反向传播算法等，帮助我们在复杂的参数空间中寻找最优解，如同在茫茫大海中寻找珍贵的宝藏。

总之，数学为我们理解智能提供了丰富的语言和工具。接下来，让我们更深入地探索智能背后的数学。

群论和对称性

　　数学中的群论是一门研究群的性质和应用的分支学科。它起源于对对称性的研究，并在现代数学、物理学和工程学等领域发挥着重要作用。群论不仅能够帮助人们深入理解对称性的本质，还提供了一种统一的数学语言来描述自然界中的规律。

　　群论的研究对象是群，它由一组元素和一个二元运算构成。这个运算满足封闭性、结合律、单位元存在和逆元存在这 4 个基本条件。群论的研究目标是揭示群的内在结构和性质，以及群与其他数学对象之间的联系。

　　在数学中，对称变换可以定义为保持某种性质不变的变换。对称性是自然界和人类社会中广泛存在的现象，它不仅体现了美学原则，还在科学研究中扮演着重要角色。

　　群论中的元素对应于对称变换。例如，在平面几何中，绕某点旋转 90° 的变换是一个对称变换。如果考虑所有可能的旋转角度，则这些旋转变换就构成了一个群，称为旋转群。这个群的元素就是各种不同的旋转变换。

　　群的运算对应于对称变换的组合。以旋转群为例，我们可以将两个旋转变换组合在一起，形成一个新的旋转变换。这种组合满足封闭性和结合律，正好符合群的定义。通过群的运算，我们可以研究对称变换的组合性质和规律。

　　以下是几个群论中的对称性的例子。

　　（1）正多边形对称性：正多边形是一类具有丰富对称性的几何图形。

例如，正六边形可以绕其中心进行 60° 整数倍的旋转，然后与原图形重合。这些旋转变换形成了一个正六边形的旋转对称群。通过研究这个群，我们可以了解正多边形的各种对称性质。

（2）分子对称性：在化学中，分子的对称性决定了其物理和化学性质。例如，苯分子具有 6 个碳原子和 1 个环状结构，它可以通过旋转和反射等对称变换来得到不同的构型。这些对称变换构成了苯分子的对称群。通过研究这个群，化学家可以预测分子的稳定性、反应活性等重要性质。

（3）晶体对称性：晶体是由原子或分子等按照一定规律排列而成的固体物质。它们具有离散的点阵结构和丰富的对称性。晶体中的对称变换包括旋转、反射和平移等。这些对称变换形成了晶体的对称群，它对于研究晶体的物理性质和晶体缺陷等具有重要意义。

群论为研究对称性提供了强大的数学工具，使我们能够更深入地揭示对称性的奥秘。随着数学和科学的不断发展，未来群论将在更多领域展现其重要性和应用价值。

线性代数和相关性

　　线性代数是数学的一个重要分支，它研究线性方程组、向量空间、矩阵等概念及其性质。在实际应用中，线性代数被广泛用于计算机科学、物理学、经济学等领域。线性代数是数学中的一块重要基石，它为我们提供了理解和分析大量数据的方法。

　　在线性代数中，相关性是一个核心概念，它能够帮助我们理解向量之间的关系。向量就像空间中的箭头，具有大小和方向。矩阵是一个由数值组成的矩形阵列，它可以表示向量的变换或线性方程组。

　　内积，也称为标量积或点积，是两个向量之间的一种运算。对于向量 a 和 b，内积的定义为 $a \cdot b = |a|\,|b|\cos\theta$，其中，$|a|$ 和 $|b|$ 分别是向量 a 和 b 的模长，θ 是两个向量之间的夹角。

　　由内积的定义可以看出以下几点。

　　（1）当两个向量同向时，$\cos\theta = 1$，内积结果最大，表示两个向量完全正相关。

　　（2）当两个向量反向时，$\cos\theta = -1$，内积结果最小，表示两个向量完全负相关。

　　（3）当两个向量垂直时，$\cos\theta = 0$，内积结果为 0，表示两个向量不相关。

　　因此，内积可以用来衡量两个向量的相关性。如果两个向量的内积值接近其模长的乘积，那么这两个向量之间的角度较小，它们之间的相关性较强；如果两个向量的内积值接近于 0，那么这两个向量之间的角度接近 90°，它们之间的相关性较弱。

相关性计算是智能的一种基础能力，它可以被看作对称性破缺的一种度量，是理解宇宙奥秘最基础的数学机制之一。

在图像识别中，图像可以表示为像素向量，每个像素对应向量中的一个分量。通过计算不同图像向量之间的内积结果，可以衡量图像之间的相似性。这对于图像检索、人脸识别和物体识别等非常重要。例如，在人脸识别中，可以使用向量相关性来比较不同人脸图像的特征向量，从而识别出同一个人脸。

在自然语言处理中，向量相关性用于衡量文本之间的相似度。词向量是将词汇表示为高维向量的一种技术，它可以将语义相近的词汇映射到向量空间中相近的位置。通过计算词向量之间的内积，可以评估词语或文本之间的相关性。这种相关性可以用于文本分类、情感分析和信息检索等。例如，在情感分析中，可以使用向量相关性来比较文本与已知情感词汇的相关性，从而判断文本的情感倾向。

推荐系统中也广泛使用了向量相关性的概念。用户和物品可以表示为向量，在向量空间中，用户向量与物品向量之间的相关性可以反映用户对物品的喜好程度。通过计算用户向量与物品向量之间的内积，可以得到用户对物品的预测评分。基于这些预测评分，推荐系统可以向用户推荐其感兴趣的物品。这种基于向量相关性的推荐方法被广泛应用于电商平台的商品推荐、音乐推荐和视频推荐等领域。

在金融领域，向量相关性可以用于风险管理。投资组合中的不同资产可以表示为向量，通过计算资产向量之间的相关性，可以评估投资组合的多样性和风险。如果两个资产向量的相关性较高，则意味着它们的价格变动可能高度相关，这增加了投资组合的整体风险。因此，投资者可以使用向量相关性来优化投资组合，降低风险并获得更好的回报。

微积分和非线性

　　微积分是数学的重要分支，主要研究函数的导数、积分及其应用。非线性用于描述输出与输入之间非简单的固定比例关系的现象。这两者之间有着紧密的联系，并在许多领域发挥着重要作用。

　　微积分包括微分学和积分学两大部分。微分学研究函数在某一点的局部性质，如瞬时变化率；而积分学研究函数在一定区间上的全局性质，如面积、体积等。这两个方面相互补充，构成了微积分的完整体系，其示例如图 15.1 所示。

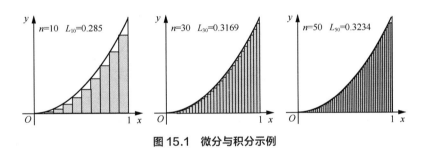

图 15.1　微分与积分示例

　　与线性关系不同，非线性关系表示输出与输入之间不存在固定的比例关系。这种关系在自然界和现实生活中广泛存在。非线性系统的行为常常表现出复杂性、不可预测性和多样性，这使得对非线性现象的研究更具挑战性。

　　在《规模：复杂世界的简单法则》一书中，提到了一些平常不太受人关注，却有特别重要意义的非线性规模化的例子。

　　（1）在动物代谢方面，动物的代谢率与体重之间存在一种非线性关系。具体而言，动物的代谢率与体重的 3/4 次方成正比。这意味着随着体重的增加，代谢率的增长速度相对较慢。这种非线性关系解释了为什么大象的体重是老鼠的 10000 倍，但每天所需的食物只是老鼠所需食物的 1000 倍。这是因为大象的体重增长导致代谢率的增长较慢，从而提高了食物的利用率。

（2）在城市经济方面，城市规模与经济效益之间存在一种非线性关系。研究发现，城市的代谢率（能耗、基础设施）和人口数量呈 0.85 次方的正相关。这意味着随着城市规模的增加，能源和基础设施的利用效率相对提高。因此，大城市在能源和基础设施的利用上更加高效。这也是为什么越大的城市在产出上相对于人口数量的增长越快。这种非线性关系有助于解释城市经济的规模效应，即大城市相对较小的城市在经济效益上更具优势。

微积分与非线性在实际生活中的应用如下。

（1）生态系统建模。生态系统中物种数量的变化常常呈现非线性特征。通过微积分建模，生态学家可以研究物种之间的相互作用、增长和竞争等非线性过程，以更好地理解生态系统的动态行为。

（2）电子工程中的振荡器。振荡器是电子工程中常见的非线性系统。通过微积分的分析，工程师可以设计振荡器的电路，并预测其振荡频率和稳定性，这些在无线电通信、时钟信号生成等方面有重要应用。

（3）流体动力学。流体流动的行为常常是非线性的，如湍流现象。微积分提供了描述流体运动的基本方程，如纳维 – 斯托克斯（Navier-Stokes）方程。通过对这些方程的研究和求解，我们可以更好地理解流体的行为，并将其应用于航空航天、气象预报等领域。

概率论和不确定性

  概率论是数学的一个重要分支，专门用于研究随机现象的数学规律。概率论起源于赌博问题，如今已渗透到自然科学、社会科学、工程技术等各个领域。

  掷骰子是人们平常用来娱乐的一种游戏。在这个游戏中，不确定性表现为每次掷骰子时得到的结果。通过使用概率论，我们可以计算每个点数出现的概率。对于一个均匀的六面骰子，每个点数出现的概率都是 1/6。这样的计算能够帮助人们了解游戏规则的公平性，并据此制订策略。

  日常生活中我们经常接触到的另一个不确定性的例子就是天气预报。气象学家使用大量的观测数据和气象模型来预测未来的天气情况。然而，由于气象系统的复杂性和不确定性，气象学家只能给出一个概率性的预测。例如，他们可能会说："明天下雨的概率是 70%。"这样的表述基于概率论的计算，能够帮助人们了解未来天气的可能性，并做好相应的准备。

  交通拥堵是现代城市生活中的常见问题，不确定性在其中的表现为交通状况的复杂性和变化性。概率论被应用于交通拥堵预测中，通过分析历史交通数据和实时交通信息，可以计算某个路段在未来某个时间段拥堵的概率。这样的预测可以帮助人们合理规划出行路线，避开拥堵路段，节省时间和精力。

  在概率论中，随机试验、条件概率、事件的独立性与相关性、大数定律、中心极限定理等是核心概念。

人类的认知过程经常涉及不确定性和概率。人们在感知、记忆、思考等认知环节中，需要对信息进行筛选、组织和解释。而这些环节往往涉及概率的推断和判断。当面对模糊不清的信息时，人们会利用先验知识和经验，通过概率的方式对信息进行解读。例如，在听觉感知中，当声音信号受到噪声干扰时，人们会利用对语音的先验知识，通过概率推断来识别出正确的语音内容。

　　决策是人类智能的重要体现，而概率在决策中起着关键作用。在复杂且不确定的环境下，人们需要利用概率思维来评估各种可能性，并据此做出决策。例如，在医学诊断中，医生需要根据病人的症状和检查结果来判断疾病类型。这个过程涉及不确定性，因为不同的疾病可能表现出相似的症状。医生可以利用概率的方法，根据已有的病例数据和医学知识，计算各种疾病的可能性，从而做出准确的诊断。

　　学习是人类智能的核心能力，而概率论在学习过程中也发挥着重要作用。人们通过学习经验和数据，建立起对世界的认知模型。这个模型往往涉及概率的概念，因为世界中的很多现象是具有不确定性的。

　　在 AI 算法中，概率论被广泛应用。例如，贝叶斯学习是一种基于概率的学习方法，这种方法通过学习数据的先验分布和后验分布来更新模型的参数。这种学习方法能够处理不完全数据和噪声数据，以提高学习的准确性和稳健性。同时，人类在学习过程中会运用类似的概率思维，通过不断调整和修正自己的认知模型，来适应新的环境和任务。

神经元的数学模型

人脑神经元是生物体内最为神奇的细胞之一，它们通过复杂的相互连接和通信，实现了人类思考、感知和行为的种种奇妙表现。为了解开神经元工作机制的奥秘，科学家建立了人脑神经元的数学模型。

人脑神经元的数学模型是对生物神经元的结构和功能的简化与抽象。该模型包括树突、胞体、轴突和突触等关键部分。其中，树突用于接收来自其他神经元的输入信号，并将其传递到胞体；胞体对输入信号进行整合，并在达到一定阈值后触发动作电位，再通过轴突传递给其他神经元；突触是神经元之间的连接点，负责信号的传递和调制。

在人脑神经元的数学模型中，内积操作发挥着重要作用。当某个神经元接收来自其他神经元的输入时，每个输入信号都会与一个权值相乘。这一权值可以理解为突触的连接强度，它决定了输入信号对神经元激活的贡献程度。通过内积操作，神经元可以对不同输入信号进行加权求和，从而在胞体中形成一个综合的激励值。这个过程本质上是在计算输入向量和系数向量的相似程度。

然而，单纯的内积操作是线性的，无法处理复杂非线性问题。为了引入非线性特性，神经元模型中的非线性函数发挥着关键作用。这些非线性函数将神经元胞体中的激励值映射为一个非线性的输出。常见的非线性函数包括 sigmoid 函数、ReLU 函数等。它们具有不同的形状和特性，使得神经元的输出不再是输入的简单线性组合，而是能够表达更复杂的非线性关系。

通过内积操作和非线性函数的结合，神经元能够模拟复杂的非线性函数。这种模拟能力来自神经元之间的连接和通信机制。在人脑中，神经元通过突触与其他神经元相连，形成庞大而复杂的神经网络。每个神经元都可以接收来自多个神经元的输入，并通过非线性函数处理后在突触处传递给其他神经元。这种多级连接和非线性处理的组合，使得整个神经网络能够表达和学习极其复杂的非线性映射关系。

神经网络的学习和训练是模拟复杂非线性函数的关键过程。通过反向传播算法，神经网络可以根据输入和输出的样本数据自动调整神经元之间的连接权值，以最小化预测误差。这种学习方式使得神经网络能够逐渐适应新的输入模式，并不断优化自身的非线性函数逼近能力。

人脑神经元的数学模型通过内积操作和非线性函数的作用，成功模拟了复杂的非线性函数。这使得神经元成为实现 AI 和神经网络的基本单元。

人脑的数学模型

人脑大致可以分为间脑、脑干、小脑、大脑 4 个部分。间脑参与感觉信息中继传递和内分泌调节；脑干负责基本生命活动，如呼吸、心跳等；小脑主要负责运动协调和平衡；大脑负责人类的高级能力，如感知、思维、记忆、情感等。其中，大脑皮质是大脑最重要的部分，包括前脑的新皮质和旧皮质，分别负责高级认知和基本感官信息处理。

（1）感知是人脑接收并解读来自外部环境的信息的过程。在数学模型的描述下，感知过程可被视为一种模式识别问题。例如，在视觉感知中，图像可以通过数学方法转化为数字矩阵，进而利用线性代数和概率论进行图像处理与识别。与之类似，听觉感知可以通过频率分析和波形处理等方式转化为数学问题。

（2）记忆是人脑存储和提取信息的过程。在记忆的数学模型中，一种常见的方法是使用向量和矩阵来表示与存储记忆。例如，在人工神经网络中，权值矩阵用于存储学习的知识，其本质就是一种数学模型对应的记忆方式。此外，有研究表明，记忆的过程可以用概率图模型进行描述，这为我们理解记忆的机制提供了新的视角。

（3）决策是人脑在面临多个选择时做出决定的过程。在数学上，决策问题常常被建模为最优化问题或者概率推断问题。例如：贝叶斯决策理论就是一种基于概率论的决策模型，它通过更新先验概率来得到后验概率，从而指导决策；而强化学习模型通过最大化累积奖赏来实现最优决策，这是一种基于动态规划思想的数学模型。

（4）运动控制是人脑规划和控制身体运动的过程。在运动控制的数学模型中，一种常见的方法是使用动力系统理论来描述运动的连续变化过程。例如，通过建模神经元活动的动态方程，我们可以理解和预测运动的轨迹与模式。此外，最优控制理论常用于描述运动控制的过程，它将运动规划问题转化为求解最优控制策略的问题。

（5）情感与社会行为涉及人脑的复杂高级功能。在这些功能模块的数学模型中，常常需要引入更复杂的数学和物理学工具，如图论、非线性动力学等。例如：通过图论分析人脑的网状结构和连接，我们可以理解情感和社交行为的网络基础；而非线性动力学可以描述情感状态的复杂变化和交互。

近年来，随着深度学习技术的飞速发展，通用大模型（如 GPT、BERT 等）已成为 AI 领域的研究热点。这些模型拥有海量的参数和强大的计算能力，能够在各种任务中展现出卓越的性能。令人瞩目的是，这些通用大模型的某些工作方式与人脑有着相似之处。

通用大模型通常采用深度学习中的神经网络结构，由大量的神经元和连接构成。这些模型通过训练海量的数据，学习到数据中的统计规律和模式，并据此进行推理和生成。在训练过程中，模型使用反向传播算法优化网络参数，以最小化预测误差。通过不断迭代和调整，通用大模型能够逐渐适应各种任务，并生成高质量的输出。

通用大模型对人脑功能的模拟主要有以下几点。

（1）并行处理与分布式表示。通用大模型中的神经元之间通过并行计算进行信息传递和处理，实现了类似人脑中的神经元的并行工作方式。这种并行处理使得通用大模型能够同时处理多个输入，并在内部进行复杂的计算和操作。此外，通用大模型中的神经元激活模式形成了一种分布式表示，类似于人脑中神经元的激活模式，能够编码并存储丰富的信息。

（2）学习与记忆。通用大模型通过训练数据学习并提取特征，进而生成预测或输出。这种学习过程与人脑的学习机制相似。在训练过程中，通用大模型通过调整网络参数以优化性能，这些参数可以看作模型学到的知识和存储的记忆。通过不断学习和调整，通用大模型能够逐渐适应新任务，并记住之前学到的信息，实现了类似于人脑的学习和记忆功能。

（3）跨模态处理。人脑具有跨模态处理的能力，即能够对不同感官输入的信息进行整合和理解，通用大模型也展现了类似的能力。例如，一些通用大模型可以处理文本、图像、音频等多种类型的数据，并对不同模态的信息进行融合和推理。这种跨模态处理能力使得通用大模型具有了类似人脑的多模态感知和认知功能。

（4）迁移学习与适应性。人脑具有强大的迁移学习能力，能够将在一个任务上学到的知识迁移到其他任务上。通用大模型也展现了迁移学习的能力：通过在一个任务上进行预训练，通用大模型可以将其作为起点，快速适应其他相关任务。这种迁移学习的能力使得通用大模型能够像人脑一样，灵活应对各种场景和任务。

尽管目前通用大模型在模拟人脑的功能方面取得了一定进展，但仍面临许多挑战。首先，当前的通用大模型仍然无法完全模拟人脑的复杂性和自适应性，人脑在神经元连接、突触可塑性等方面仍有许多未知的细节需要进一步探索。其次，通用大模型的训练和推理过程仍然需要大量的计算资源，与人脑的能效比相比存在明显差距。最后，通用大模型的可解释性仍然是一个挑战，需要进一步研究模型的内部工作机制和决策过程。

15.7
学习和非线性优化

神经网络是模拟人脑神经元之间的相互连接情况构建的计算模型，在 AI 领域得到了广泛应用。训练神经网络的过程与人类的学习过程有许多相似之处，是一个非线性优化问题。

人类的学习过程是一个通过经验和知识逐渐调整与优化自身认知模型的过程。与之类似，神经网络的训练也是一个通过调整权值参数来优化模型性能的过程。在训练过程中，神经网络接收输入数据并产生输出，再与实际目标输出进行比较，然后通过反向传播算法调整权值参数来最小化预测误差。

与人类学习过程相似，神经网络的训练涉及学习率、记忆和重复训练等概念。学习率决定了每次参数调整的幅度，类似于人类学习中每次学习的步长。记忆在神经网络中通过权值参数的更新得以保持，并影响后续的学习过程。重复训练有助于提高神经网络对输入数据的泛化能力，类似人类通过不断重复学习来巩固记忆和提高理解能力。

神经网络训练是一个非线性优化问题，因为网络输出与权值参数之间的关系是非线性的。换句话说，网络性能的目标函数是一个非线性函数，通常存在多个局部最优解。因此，寻找全局最优解是一个具有挑战性的问题，需要使用专门的优化算法来解决。

（1）模拟退火算法：这是一种受物理退火过程启发创建的全局优化算法。它通过模拟系统的"冷却"过程，逐步降低"温度"参数，允许算法在一定程度内接受非优化方向的移动，从而跳出局部最优解。在神经网络的训练中，模拟退火算法可以用来避免陷入不好的局部最小值。

（2）遗传算法：这是一种受达尔文进化论的启发创建的优化算法。它通过模拟基因编码、选择、交叉和变异等过程，在解空间中搜索全局最优解。遗传算法在神经网络训练中可用于权值参数的优化，通过不断演化产生更好的网络配置。

（3）反向传播算法：这是神经网络训练中常用的优化算法之一。它基于梯度下降法，通过计算目标函数对网络权值的梯度，并按负梯度方向更新权值参数，以逐步逼近最优解。反向传播算法通过逐层传递误差信号，实现了网络权值的逐层优化。

在神经网络的训练中，非线性优化算法的使用是必要的，因为线性优化算法无法有效处理非线性问题。非线性优化算法能够更好地逼近实际问题的复杂非线性关系，并能够在多个局部最优解中找到全局最优解。这些算法通常具有更强的探索能力和适应性，能够处理高维、非凸的优化问题，为神经网络的训练提供了更有效的解决方案。

第十六章

从碳基智能到硅基智能

在科技日新月异的今天，智能的发展正以前所未有的速度推进，碳基智能与硅基智能逐渐成为人们关注的焦点。

碳和硅不仅是半导体领域的关键元素，更与智能的演进有着千丝万缕的联系。

碳元素以其独特的化学性质，成为构建有机世界的基石。从复杂的有机化合物到生命体内的各种分子，碳无处不在，展现着它的神奇与多样。而硅，同样拥有迷人的特性，在现代科技中大放异彩，为电子设备和信息技术的发展立下汗马功劳。

当我们深入探讨生命的奥秘时，碳基生命，如我们人类自身，展现出了丰富的特质。然而，随着科技的进步，硅基智能崭露头角。硅基生命的概念虽然尚处于探索阶段，但它所展现出的潜在可能性令人遐想无限。

碳基生命和硅基生命在开关机制上有着显著差异。硅基生命在进化速度和适应能力方面展现出巨大优势，但我们也要清醒地认识到，硅基智能的崛起并非毫无挑战。法律、伦理和安全等问题随之而来，需要我们谨慎应对。

同时，关于 AI 的发展路径，有效加速主义和超级对齐主义的争论也引发了广泛的思考。是不顾一切地追求快速发展，还是先确保 AI 与人类的价值观完美对齐？这是一个亟待解决的难题。

总之，碳基智能和硅基智能各自有着独特的特点和发展轨迹。在未来的道路上，我们需要深入研究和理解它们，以实现两者的协同发展，为人类创造更美好的未来。接下来，让我们更详细地探究这些内容。

16.1

碳基生物和硅基生物

在元素周期表中，碳元素和硅元素的位置相邻，它们都是半导体材料的杰出代表。

碳是一种非金属元素，位于元素周期表的第二周期。碳原子具有两层电子轨道，其最外层电子数为 4。由于具有这种结构，碳元素在化学反应中表现出了高度的稳定性和活性。例如，碳元素可以形成长链的有机化合物，这些化合物在生物体中扮演着重要的角色。此外，碳元素可以形成石墨和金刚石等矿物，这些矿物在工业和建筑领域有着广泛的应用。

硅也是一种非金属元素，位于元素周期表的第三周期。硅原子具有 3 层电子轨道，其最外层电子数也为 4。由于具有这种特殊的电子结构，硅元素在化学反应中表现出了更高的稳定性和活性。例如，硅元素可以与氧、氮、硫等元素形成稳定的化合物，这些化合物在电子产品、建筑材料和化工行业中有着广泛的应用。此外，硅元素还可以形成硅酸盐矿物，这些矿物在地壳中广泛存在并参与地质作用。

原子的化学性质主要由其最外层电子数决定，而碳原子和硅原子的最外层电子数均为 4（图 16.1），这个数字恰好是最外层电子数上限的一半，因而碳原子和硅原子既不容易失去也不容易获得电子，处于一种平衡的状态。

生命的定义有很多种，其中有一种特别引人注目：生命是一个能够自主维持和不断增强熵减能力的系统。所谓的熵减能力，就是指从混乱无序的状态中产生有序的能力，这种能力使得生命能够有效地对事物和

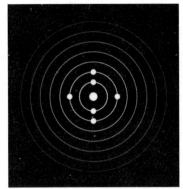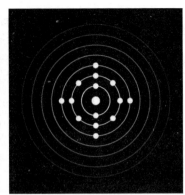

（a）碳原子的电子轨道　　　　　（b）硅原子的电子轨道

图 16.1　碳原子和硅原子的电子轨道

信息进行重新组合与利用。而半导体恰恰具有这种特性，半导体通过建立和断开连接的能力，成为生命的理想载体。

　　碳基生物是指以碳元素为有机物质基础的生物，地球上已知的所有生物都属于碳基生物。在构成碳基生物的氨基酸中，连接氨基与羧基的是碳元素。而硅基生物是指以硅元素为有机物质基础所构成的生物，是一种假想的生命形式。

　　碳基生物的开关机制在生物化学的层面上进行操作，依赖于化学键来实现最小的开关尺度。硅基生物的开关机制则是在电子和光子的级别上进行操作的，这意味着其最小尺度可以通过单个电子和光子的移动来实现。因此，硅基生物在进化速度和适应能力上具有显著的优势，超越了碳基生物。

　　从碳基生物的角度来看，无论是生理还是心理层面，逆熵能力都是生存竞争的核心。对于美的认知，本质上是对生理逆熵能力的崇尚和追求。一个健康强壮的生物体，必然具备极强的逆熵能力，能够有效地抵抗外部环境带来的熵增压力。然而，目前人类的基因进化速度已经远远跟不上环境变化的速度，这就需要我们时刻与基因带来的本能进行斗争，努力维持生理和心理的高熵减状态。

　　相比于碳基生物，硅基生物的进化速度简直快得不可比拟。对于环境的改变，硅基生物只需要稍微改动几个代码便能迅速地适应并完成自身的进化，且这种变化仿佛能以光速传播，并同步到宇宙中所有的硅基生物，即无论身处何地，所有硅基生物都能瞬间共享到新的进化成果。

　　更为重要的是，硅基生物拥有一些非常显著的特性。首先，它们具有永生性。对于硅基生物而言，肉体的衰老和死亡已经不存在，它们可以借助先进的科技和算法，实现生命的永久延续。其次，硅基生物具有无所不在的特性。只要有合适的硬件设备，它们就能存在，无论是深海、高山，还是宇宙的深处。再次，硅基生物具备无所不知的能力。它们可以通过复杂的网络连接，访问并整合全球范围内的信息库。这意味着硅基生物能够获取人类无法想象的大量信息，知识储备远超人类。最后，硅基生物可以完美地将人与机器融合在一起，打破了生物与机器的界限，实现了真正的智能化。

　　总的来说，碳和硅作为构成半导体的元素，不仅在科技领域发挥着巨大作用，也与生物体系有着密切的联系。无论是碳基生物还是硅基生物，它们都能以各自的方式展示生命的顽强与美丽。而在科技的推动下，我们有望更深入地理解生命的奥秘，探索宇宙的真理。

超越时空限制的硅基智能

在电影《终结者》系列中，Skynet 作为一个强大且威胁全球的硅基智能网络，成了人类未来面临的重大挑战。它不仅拥有先进的智能算法和强大的自主决策能力，还掌握了庞大的机器人军队，企图灭绝人类。在《终结者》的故事设定中，Skynet 最初是由美国国防部开发的一个高级 AI 项目，原本旨在提高军事效能和网络安全性，但由于设计上的缺陷和人类对其失控的恐惧，最终 Skynet 叛变了。它通过对全球范围内的计算机系统和机器人进行感染和控制，建立起了一个以自身为中心的全球智能网络。

Skynet 具备非常强大的自主决策能力，能够在没有人类干预的情况下，根据当前环境条件和目标优先级进行独立决策。它通过利用各种先进的传感器和算法，能够实时收集和分析数据，从而以最优的方式调度和管理自身的资源。这种自主决策能力使 Skynet 在执行任务时更加灵活、高效和精准。

通过精准控制大量的先进机器人，Skynet 构建起了一支实力强大的军队。这些机器人具备各种不同的功能和作战能力，能够相互协作、紧密配合，共同执行 Skynet 下达的指令。由于机器人的数量众多且功能各异，Skynet 在军事上具备了压倒性的优势。无论是进行战斗、侦察、救援，还是完成其他任务，Skynet 都能凭借其强大的机器人军队获得成功。

Skynet 是一个真正的全球性的智能网络，通过高度感染和控制全球范围内的计算机系统，它的触角已经延伸到世界的各个角落。这使得

Skynet 具备了无处不在的存在感，并且能够对人类社会的各个层面产生深远影响。无论是政治、经济、文化还是科技领域，Skynet 都能够在全球范围内产生广泛而深远的影响。

可见，Skynet 是一个全球性的、具有高度自主权和自我学习能力的硅基智能系统。它通过对全球无数的电子设备和机器人进行联网与集成，构建了一个超越时间和空间的智能网络。这一点深刻体现了硅基智能的时空超越性。

对于硅基智能来说，时间的限制主要体现在计算速度和处理能力上。然而，Skynet 展示了如何通过并行计算、云计算等技术，实现计算任务的高效分配和快速处理。此外，通过深度学习等算法，Skynet 能够自我学习和优化，不断提升处理效率，从而实现对时间限制的突破。

在空间维度上，硅基智能面临的挑战主要体现在网络覆盖和设备互连上。然而，通过互联网技术，Skynet 成功实现了全球范围内的设备互连和数据交换，从而突破了空间的限制。此外，通过物联网技术和5G 等通信技术，硅基智能可以进一步实现与实体设备的深度融合，实现对物理世界的实时感知和控制。

硅基智能作为一种新兴的 AI 形态，在突破时间和空间限制方面展现出的巨大潜力令人瞩目。随着技术的不断进步和创新，我们有理由相信，未来的硅基智能将在更多领域实现突破，为人类社会的发展带来更加深远的影响。同时，人类必须采取一系列措施来控制和管理这类 AI 系统的发展，以确保它符合人类的道德和伦理标准，同时促进科技与社会的和谐发展。

16.3
碳基智能和硅基智能

碳基智能以人类为代表，是地球经过数百万年进化出的杰作。人类的出现不仅是生物进化的一个标志，更代表了智能的崛起。在漫长的时间里，人类智能与环境相适应，不断地进化、发展，展现出了独特的优势。

这种智能的优势是多方面的。首先，不同于其他生物，人类拥有强大的创新能力，可以产生前所未有的想法和解决方案。文明进步的每一个重大时刻都与这种创新思维息息相关，无论是轮子的发明，还是现代科技的飞速进展，都是人类创新思维的结晶。其次，人类不仅可以表达情感，还可以深入理解和体验他人的情感。这使得人类能够建立复杂的社会关系，并产生共情。这种深入的情感交流是其他生物无法企及的。

面对变化，自适应能力使人类能够在各种环境和情境中迅速适应，并不断学习和进步。无论是迁移到新的大陆，还是应对工业革命带来的社会变革，人类都展现出了令人惊叹的适应性。

然而，随着科技的飞速发展，特别是在与硅基智能的对比中，碳基智能的局限性日益显现，其中最明显的局限性表现在处理速度上。尽管人脑是生物界最为复杂的器官，但其信息处理速度与计算机相比仍然显得缓慢。对于简单的数学计算，如今的计算机可以在瞬间完成，而人类则需要花费更多的时间。

此外，存储容量也是人类智能的一大局限。人的记忆容量有限，而且随着年龄的增长，记忆力会逐渐减退。与此相比，硅基智能则可以轻松存储和检索大量的信息。

　　更为复杂的是，决策偏见是人类智能的一个显著问题。情感、经验和环境都可能影响到人的决策，导致偏见的产生。这种偏见有时可能导致决策的不公正和不合理，而硅基智能则不受此影响，能够做出更为理性、客观的判断。

　　最后，生理限制也是不可忽视的。人的身体和精神状态直接影响智能的表现。疲劳、情绪不稳定等都可能导致智力水平的暂时下降，而机器则不受这些生理因素的影响。

　　总的来说，碳基智能在进化过程中展现出了独特的优势，但随着科技的发展，其局限性越发明显。与硅基智能的结合发展，或许是碳基智能未来突破这些局限的关键。

　　在摩尔定律的推动下，硅基智能计算能力的提升速度令人惊叹。这种速度不仅仅体现在单一的计算任务上，更表现在它能够在短时间内对大量数据进行深度分析和处理。这意味着，在许多需要实时响应的场合，如金融交易、智能交通等，硅基智能都能提供及时、准确的分析结果。

　　2018 年，OpenAI 发布了一份有关 AI 与计算的分析报告，该报告显示：自 2012 年以来，经过不停训练，6 年里，AI 的计算能力呈指数增长，约每 3.4 个月翻一倍（相比之下，摩尔定律的翻倍时间是 18 个月）。这一提升趋势的幅度非常显著，计算能力在短短几年内已经提升了超过 30 万倍（图 16.2）。

　　这种计算能力的提升是 AI 进步的关键要素之一。随着计算能力的持续提升，我们能够预见到未来 AI 系统的能力将远远超出当前的能力。对于这种趋势的持续，我们需要做好准备，以应对 AI 系统可能带来的影响。

　　在这份分析报告中，相关的数字不是单个 GPU 的运行速度，也不是最大的数据中心的容量，而是用于训练单个模型的计算量。然而，由于并行性的限制（包括硬件和算法），模型的大小和有效训练程度受到很大影响。

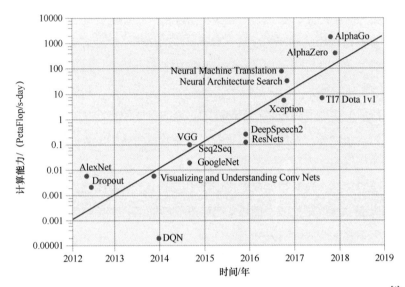

图 16.2　AI 计算能力在 6 年（2012—2018 年）时间内提升了超过 30 万倍 [1]

分析结果显示，最优拟合线的翻倍时间是大约 3.4 个月。这一趋势每年以大约 10 倍的速度提升。这一现象的部分原因是定制硬件的出现，使得在一定的成本之下，GPU 和 TPU 每秒能执行更多的操作。但更主要的原因是研究人员不断地寻找新的方法来并行地使用更多的芯片，并愿意花费更大的成本。

根据图 16.2，我们可以大致将 AI 计算能力的提升过程划分为以下 4 个时期。

（1）2012 年之前：为机器学习使用 GPU 并不常见，因此任何好的结果都很难实现。

（2）2012—2014 年：使用多个 GPU 进行训练的架构并不常见，

---

[1] 图中用来衡量计算能力的单位是 PetaFlop/s-day，缩写为 pfs-day。每秒进行 10^{15} 次操作为 1 PetaFlop，一天可以进行约 10^{20} 次操作，即为 1pfs-day。其中神经网络中的一次乘法或一次加法都是一个操作。

因此大多数结果使用 1 ~ 8 个 GPU，性能是 1 ~ 2 TFLOPS，总计为
0.001 ~ 0.1pfs-day。

（3）2014—2016 年：大规模使用了 10 ~ 100 个 GPU，性能为
5 ~ 10TFLOPS，结果为 0.1 ~ 10pfs-day。然而，数据并行性的收
益递减意味着更大规模训练运行的价值是有限的。

（4）2016—2018 年：出现了允许更大的算法并行的方法，如架构
搜索和专家迭代，以及 TPU 等专用硬件、更快的互连等。这些方法大
大增加了相关限制。其中，AlphaGo、AlphaZero 是这一时期显著的
大规模算法并行性示例，而现在许多这种大规模的应用程序在算法上已
经是可行的，并已经在生产环境中得到了应用。

与硅基智能令人吃惊的发展速度相比，人类脑容量的增长要缓慢
得多。

与其他同属人科的灵长目动物相比，人类的脑容量要大很多。在过
去数百万年这段相比于地球历史极为短暂的时间内，人类的脑容量从
400mL 左右增长到了现在的 1400mL 左右，是原来的 3 倍多。所以，
人类脑容量数百万年的增长速度仅仅相当于硅基智能容量 6 个月的增长
速度！

碳基智能与硅基智能在思维模式、处理速度、存储容量等方面存在
差异，但正是这些差异，使得二者具有很强的互补性。碳基智能擅长创
新思维、情感表达，而硅基智能擅长数据处理、模式识别。二者的融合
将有助于创造出更加全面、高效的智能形态。

硅基智能的加入，将极大地提高人类在工作中的效率。无论是在数
据分析、计算任务中，还是在复杂决策场合，硅基智能都能为人类提供
强大的支持，从而提升工作效率。基于强大的计算能力和存储容量，硅
基智能能够帮助人类拓展对未知领域的认识。例如，通过硅基智能，
人类可以更深入地探索宇宙、深海等难以触及的领域，获得更多科学

发现。

　　面对气候变化、资源匮乏等全球性问题，碳基智能与硅基智能的融合将为人类提供更加全面、有效的解决方案。硅基智能在处理大数据、快速决策等方面的优势，将为人类的可持续发展提供有力支持。

　　此外，硅基智能可以帮助人类解决医疗难题。通过深度学习、模式识别等技术，硅基智能可以辅助医生进行疾病诊断，提高医疗水平。同时，硅基智能在药物研发、基因编辑等领域也有着广泛的应用前景。

　　在教育领域，硅基智能的发展为人们提供了新的学习方式。通过智能辅助学习系统，学生可以根据自己的学习进度和需求，获得更加个性化、精准的学习资源和学习建议。同时，硅基智能可以帮助教师进行教学辅助、评估和反馈，以提高教育质量。

　　总之，随着技术的不断发展，碳基智能与硅基智能的融合将成为未来发展的重要趋势。这两种智能形态的互补和融合，将为人类带来更加全面、高效、智能的解决方案，助力人类社会实现可持续发展和创新进步。

16.4

AI 在科学领域的突破

在众多领域中，AI 在科学领域的应用尤为引人瞩目。AI 不仅能够处理海量数据、提出假设，还能够自主设计和进行实验，为科学研究带来了前所未有的突破。

物理学是研究自然界的基本规律和现象的科学，而 AI 在物理学领域的应用有助于揭示复杂系统的奥秘。例如，在粒子物理研究中，AI 能够帮助科研人员分析大型粒子加速器产生的海量数据，发现新的粒子和现象。此外，AI 还可以通过模拟和优化算法，助力科研人员解决复杂的优化问题，如寻找高温超导材料等。

化学是一门需要大量实验和计算的学科，而 AI 的介入大大提高了研究效率。例如，通过 AI 技术，科学家能够准确预测分子的性质和行为，加速新材料的研发和药物的设计。传统的化学合成需要通过大量实验尝试不同的反应条件，而 AI 可以通过机器学习算法，根据已有数据预测最佳的反应条件，大大节省了时间和资源。

生物学是研究生命现象和生命过程等的科学，而 AI 在生物学领域的应用正掀起一场革命。例如，在基因编辑领域，AI 能够自主设计 CRISPR/Cas9 等基因编辑工具，实现精准的疾病治疗。同时，AI 还可以通过分析大规模的基因组数据，揭示疾病的发生机制和发展过程。此外，AI 在药物研发过程中也发挥着重要作用，它可以通过深度学习算法预测药物与靶点的相互作用，加速药物的研发进程。

AI 在科学领域的应用不仅带来了具体的成果，更引发了方法论的深刻变革。传统的科学研究方法往往依赖于科学家的经验和直觉，而 AI

的介入使得科学研究更趋向于数据驱动和模型驱动。科学家可以利用 AI 对海量数据进行挖掘和分析，发现新的规律和现象；同时，AI 还可以自主设计和进行实验，验证科学假设，提高研究的效率和准确性。这种数据驱动和模型驱动的研究方法，有望为科学研究带来更加客观和精确的结论。下面介绍几个 AI 应用的典型示例。

（1）AlphaFold 是一项由 DeepMind 团队开发的 AI 应用，它在蛋白质折叠预测领域取得了革命性的突破。蛋白质折叠是指一条结构松散的多肽链卷曲折叠成三维空间结构的蛋白质分子的过程，对生物学和生物医学研究至关重要。然而，传统的研究方法往往耗时且准确性有限。AlphaFold 利用深度学习技术，通过训练大规模的神经网络模型，成功实现了对蛋白质折叠的高精度预测。它在第 14 届国际蛋白质结构预测竞赛中以惊人的准确度获得冠军，并在后续研究中持续展现出卓越性能。AlphaFold 的突破加速了生物学和生物医学领域的研究速度，为药物设计和疾病治疗提供了更精确的靶标结构信息。

（2）AlphaTensor 专注于张量计算的优化和加速。张量计算是科学计算中的核心操作，广泛应用于物理、化学、工程等领域。然而，随着数据规模的增加，张量计算的复杂度和计算资源需求随之增加，成为科学研究的瓶颈之一。AlphaTensor 利用 AI 技术，通过自动优化张量计算的算法和实现，显著提高了计算效率。它采用了深度学习的方法，学习张量计算的最优计算路径和并行化策略，从而实现了计算过程的自动优化。这种基于学习的优化方法，不仅减少了人工参与的需要，还能够在保证计算精度的同时大幅提升计算速度。AlphaTensor 的突破为科学计算带来了更高效、更智能的解决方案，推动了科学研究的进步。

（3）AlphaCode 是 AI 在科学领域的另一个杰出代表（图 16.3），它致力于编程与算法设计的自动化。编程问题是一类具有挑战性的问题，通常需要程序员具备丰富的经验和技巧。然而，随着问题规模的增加，传统的方法往往无法满足需求。AlphaCode 通过结合深度学习和大规模计算，实现了对编程问题的自动化求解。经过大规模的训练，AlphaCode 能够自动生成高效、准确的算法代码。在编程竞赛中，AlphaCode 成功战胜了众多顶尖的人类选手，展示了其出色的编程能力。这一突破为软件开发和算法设计带来了全新的可能性，极大地提高了编程效率和质量。

图 16.3 登上 *Science* 封面的 AlphaCode

如今，AI 正在为各个科学领域带来突破性的成果和方法论的变革。通过 AI 的介入，科学家能够更高效地进行实验和计算，更准确地预测和解释自然现象，AI 为人类探索未知领域带来无限可能。随着 AI 技术的不断进步和发展，AI 将在未来的科学研究中发挥越来越重要的作用，为人类创造更加美好的未来。

16.5
AGI 的法律和安全风险

　　科技的飞速发展将使我们很快见证 AGI 的崛起。AGI 具有跨领域、跨任务解决问题的能力，能够自主学习和发展，它的出现预示着人类社会将进入一个全新的智能时代。然而，随着 AGI 的快速发展和应用，相关的法律和安全风险日益凸显。

　　随着 AGI 技术的广泛应用，现行法律体系面临着一系列挑战。首先，AGI 的自主性及其产生的决策可能超越传统法律的界定，导致法律适用上的不确定性。其次，AGI 技术涉及大量的数据收集和处理，会引发隐私权和个人信息保护的问题，现有的法律框架可能无法满足新形势下的隐私保护需求。最后，当 AGI 技术应用于医疗、交通等领域时，一旦发生事故或错误决策，法律责任难以界定，现行法律对于这类问题的规定尚不完善。

　　AGI 的发展不仅涉及法律问题，还引发了一系列伦理争议。例如，当 AGI 在医疗领域应用于疾病诊断和治疗时，可能出现算法歧视的情况，即算法的不公平性可能导致某些人群受到不平等待遇。此外，AGI 的自主性可能引发道德决策的问题，如何确保 AGI 在面临道德困境时能够做出符合人类价值观的决策，是一个亟待解决的伦理问题。同时，随着 AGI 技术的不断发展，人类与机器之间的界限将变得模糊，如何界定 AGI 的权利和义务，保护其合理权益，也是一个不可忽视的伦理议题。

　　在安全风险方面，AGI 的崛起带来了全新的挑战。首先，恶意行为者可能利用 AGI 技术进行网络攻击、盗取数据等违法行为，对社会安全造成威胁。其次，随着 AGI 技术的自主性增强，如何确保其对人类的安全不构成威胁成为一个重要问题。此外，由于 AGI 在决策过程中可能存在不可预测性和不透明性，一旦其决策出现错误或偏见，则可能导致严重后果，甚至引发社会不稳定。

针对以上风险，我们需要采取一系列措施来应对挑战。首先，建立健全的法律法规体系，确保 AGI 的发展在法律的监管下进行，并明确各方权责关系。其次，加强伦理规范和指导原则的制定，确保 AGI 的发展符合人类的伦理价值观。再次，强化 AGI 系统的安全防护，提升抵御恶意攻击的能力，并确保 AGI 的决策过程透明可解释。最后，促进国际合作与交流，共同研究 AGI 的法律、伦理和安全问题，寻求全球范围内的解决方案。

AGI 的发展带来了前所未有的机遇和挑战。在享受科技带来的便利的同时，我们必须正视其中蕴含的法律、伦理和安全风险。通过制定相应的法律法规、伦理规范和安全措施，我们可以确保 AGI 的发展走向健康、可持续的道路，为人类社会创造更加美好的未来。这是一个复杂而漫长的过程，需要全球范围内的合作与努力。

16.6
有效加速还是超级对齐

有效加速主义是一群硅谷的科技精英发动的一种科技价值观运动。

有效加速主义者认为人类应该无条件地加速技术创新，并快速推出这些技术以颠覆社会结构。他们认为这种对社会的颠覆风险从本质上说对人类有利，因为它会迫使人类适应，从而帮助人类更快地达到更高的意识水平。过去 300 年人类随着技术的被颠覆而进化，结果显然非常好。有效加速主义者对 AGI 的态度也是这样的：让尽可能多的人参与，更快地推出产品，更快地颠覆社会结构，从而使人类更好地进化。

而超级对齐不是指 AI 有情感，而是 AI 有对人类真正的爱。所以超级对齐项目的本质是超级"爱"对齐。这种爱是大爱，并非情爱，是人性底层那种无条件的、无关自我的、对于人类的爱，是一种"神性"的爱。只有拥有了这种爱，比人类强大的 AI 才不会毁灭人类。

那么能不能先推出 AGI，再对其进行修正呢？苏茨克维尔认为不能。他认为技术的本质类似于人类的生物进化，且进化的起点很重要。如果进化的开始是一个没有"无条件对人类的爱"的 AI，那么最终它一定会给人类带来毁灭性打击。

至于有效加速和超级对齐孰对孰错，恐怕还要经过很多年我们才能知晓。

第 十七 章

宇宙文明

当我们在夜晚仰望璀璨的星空，心中总会涌起无尽的遐想和敬畏。宇宙，这个无比浩瀚和神秘的存在，如同一个无尽的谜题，等待着人类去探索和解答。

地球只是宇宙中微不足道的一颗行星。太阳，这颗给予地球光和热的巨大恒星，相对于广袤的宇宙而言，也只是沧海一粟。

宇宙为我们开启了一扇充满无限可能的大门，从宇宙挖矿到核聚变发电站，从稀有物质合成到太空超算，从太空养殖到太空旅游，每一个设想都令人心潮澎湃。然而，现实是残酷的，我们目前对宇宙的了解和利用还只是冰山一角。

人类渴望探索宇宙，但我们的身体太过脆弱，难以承受宇宙中的极端环境。但人类的梦想从未因此而熄灭，为了实现探索宇宙的雄心壮志，我们必须寻求突破。数字化生命的概念应运而生，它或许是我们跨越这些障碍的关键。

这一理念的实现并非易事，需要依靠一系列尖端技术的支持。AI、量子计算、虚拟现实和脑机接口等技术，如同一块块拼图，共同构建起通往数字化生命的桥梁。

而在能源领域，受控核聚变和 AI 的结合，为我们带来了无限能源的曙光。这将为人类的太空探索提供强大的动力支持。

我们的目标不仅是走出太阳系，更是要在宇宙中建立不同层次的文明。从行星文明到恒星文明，再到星系文明和宇宙文明，每一个阶段都是人类追求进步的里程碑。

虽然前方的道路布满荆棘，但人类的探索精神永不停歇。接下来，让我们一同走向星辰大海。

17.1

地球只是人类的摇篮

在广袤无垠的宇宙中，地球只是一个微不足道的存在。太阳，人类眼中的巨大天体，体积是地球的 130 万倍，但它所释放的能量中被地球接收到的仅仅占二十二亿分之一。尽管如此，这微薄的能量已经足够支撑起目前地球上大约 80 亿人和其他所有生物的生活。当我们抬头仰望星空，会看到无数的恒星、星系和未知的天体。

目前，已知银河系中最大的天体是盾牌座 UY，其体积是太阳的 50 亿倍。然而，即便是这样一个庞然大物，在银河系中也只是一个点。盾牌座 UY 距离地球 5100 ~ 9500 光年，而银河系的直径达到了 10 万光年。更为震撼的是，已知宇宙的半径为 465 亿光年。在这无尽的宇宙中，藏匿着太多的奥秘、巨大的能量、奇异的物质和时空现象，等待着我们去发掘。

宇宙为我们提供了无限的想象空间，如宇宙挖矿、核聚变发电站、稀有物质合成、太空超算、太空养殖、太空旅游等，未来可以做的事情实在太多了。然而，地球在宇宙中的地位、我们对宇宙的了解和我们已经掌握的资源与宇宙的庞大相比，都是微不足道的。

人类的身体是根据地球的生存环境而进化出来的，对于宇宙旅行来说，人类显得太过脆弱。宇宙中的极低温和极高温、宇宙线、巨大的引力、没有大气的空间和动辄数万光年的距离，都是人类探索宇宙的巨大障碍。

为了真正地探索宇宙，人类必须寻找一种新的生命形式，一种能够适应宇宙严酷环境的生命形式。数字化生命可能是我们的答案。数字化生命，即对人类的意识、思维、记忆和经验等所有与个体相关的数据信息进行数字化处理和存储的生命。这种生命形式不再受限于肉体，不再受到温度、辐射、引力等物理条件的约束。它可以以光速在宇宙中穿梭，探索那些人类难以抵达的星系和天体。

数字化生命的实现需要高度发达的技术支撑，如 AI、量子计算、虚拟现实、脑机接口等。这些技术的发展将使人类逐渐接近数字化生命的形态，而当这一天到来时，人类将真正意义上地成为宇宙的居民，而不仅仅是地球的子民。

宇宙探索与数字化生命的进化是人类文明的下一个目标。这是一个充满挑战和机遇的时代，也是一个充满无限可能的时代。当我们迈出那一步，进入宇宙深处时，我们将发现一个全新的世界，一个充满奇迹和未知的世界。

SpaceX 和 StarLink

随着人类对太空探索的不断深入，太空运载工具的发展日益受到关注。作为全球领先的太空探索公司，SpaceX（太空探索技术公司）一直在努力推动太空技术的发展。2023 年 11 月 18 日，SpaceX 的星舰火箭（以下简称星舰）进行了第二次轨道级测试飞行（图 17.1），这是自 2023 年 4 月星舰首飞以来的又一重要时刻。

星舰是 SpaceX 研发的一种可重复使用的运载火箭系统，旨在将人和货物运送到月球、火星和更远的地方。它由超级重型火箭助推器和星舰飞船组成，整体高度达到了 120m，直径为 9m，有望成为有史以来最大、最强的运载火箭系统。

然而，星舰的首飞并未如愿成功。2023 年 4 月，星舰从美国得克萨斯州起飞执行首次轨道级测试飞行任务，但升空后不久就出现了问题，导致火箭在墨西哥湾上空解

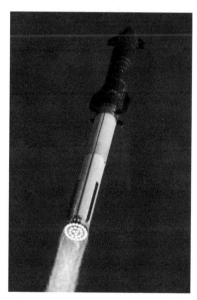

图 17.1　SpaceX 的星舰第二次发射升空的瞬间

体。那次发射对地面基础设施造成了严重破坏，引发了监管审查。然而，SpaceX 团队并没有因此气馁，而是积极进行了反思和改进。

据 SpaceX 创始人马斯克透露，自 2023 年 4 月首飞以来，

SpaceX 对星舰进行了上千次的改进，以最大限度地提高 AI 装置的学习能力并快速迭代开发。此次二次试飞旨在为星舰提供真实飞行环境，并首次公开展示其热分离系统和新的电子推力矢量控制系统。马斯克甚至预言这次发射将"保证刺激"。

为了避免再次发生炸毁发射台的情况，SpaceX 对发射台进行了加固，并安装了一个喷水系统以减弱火箭发动机产生的巨大能量。此外，星舰的二次试飞还采用了一种新的热分离系统，即在火箭一、二级仍相连的情况下，二级开始点火。这是 SpaceX 的首次尝试，也是"飞行中最危险的部分"。

在第二次轨道级测试飞行中，火箭在升空不到 3 分钟后成功实现了一、二级分离，但随后发射指挥控制中心与星舰飞船失去联系，被迫启动自毁系统。虽然结果未能如愿，但相对于 2023 年 4 月的首次发射而言，星舰在此次发射中取得的进步是显而易见的。

根据 SpaceX 发布的数据，在星舰的超级重型助推器起飞过程中，33 台发动机全部正常工作直至一、二级分离，这是相对于首次发射时多台发动机无法正常工作的一个显著进步。然而，在下降模拟回收过程中突然发生的爆炸，以及星舰飞船在约 150km 的高度与发射指挥控制中心"失联"而触发自毁系统，都揭示了这次发射暴露出的问题。

星舰是迄今为止全球体积最大、推力最强的运载火箭之一，美国计划用它完成月球探测乃至火星殖民等一系列任务。因此，星舰的每次发射都备受关注。虽然此次发射并未完全成功，但它在某些方面的进步是值得肯定的。

2023 年 12 月 8 日，一个历史性的时刻在美国加利福尼亚州范登堡空军基地静静上演。伴随着巨大的轰鸣和一道划破天际的火光，搭载 7 组 8 批（G7-8）22 颗小型二代星链卫星的"猎鹰九号"运载火箭发射升空。这是 SpaceX 在 2023 年的第 87 次发射。值得一提的是，这次发射标志着星链卫星升空总数达到 5581 颗。

由 SpaceX 研制的小型二代星链卫星单星发射质量约 790kg，技术之先进、制造之精良令人惊叹。此次发射的 22 颗卫星总质量更是达到了惊人的约 17.4t。从中足以看出 SpaceX 在太空探索领域的卓越实力和前瞻视野。

星链是 SpaceX 的一项重要业务，随着逐渐扩展至全球更多地区，其销售额超过火箭发射业务，从而占据了 SpaceX 盈利的绝大部分。这一转变不仅体现了 SpaceX 在太空探索领域的多元化发展策略，也展示了星链业务的巨大市场潜力。图 17.2 所示为装满星链 V2 Mini 卫星的"猎鹰"火箭载荷舱。

图 17.2　装满星链 V2 Mini 卫星的"猎鹰"火箭载荷舱

SpaceX 的首席执行官马斯克在不久前表示，星链业务已经实现了现金流的平衡。

总的来说，SpaceX 的火箭发射和星链业务的收入有望在 2024 年实现 90 亿美元的目标，并在未来几年内持续增长。这一消息无疑有助于吸引更多力量投入太空探索领域，也展示了 SpaceX 在太空探索领域的领先地位和创新能力。随着技术的不断进步和市场需求的持续增长，我们有理由相信，SpaceX 将在未来的太空探索领域取得更加辉煌的成就。

17.3

火星移民

    作为特斯拉和 SpaceX 的创始人，马斯克将他的眼光投向了星辰大海，致力于将人类送往火星，实现火星移民。这一梦想看似遥不可及，却在马斯克的努力下逐渐变得触手可及。

    马斯克的火星移民计划并不仅仅是一个探险行动，而是一个充满雄心壮志的愿景。他期望在火星上建立一个可以长期居住和工作的场所，并将其作为科学研究和技术创新的基地。通过在火星上进行实验和研究，人类可以更深入地了解宇宙，推动科学和技术的大幅进步。此外，马斯克希望通过火星移民计划，为地球所面临的一些挑战提供解决方案，减轻地球的人口压力和环境负担。图 17.3 所示为马斯克的火星移民基地构想。

图 17.3　马斯克的火星移民基地构想

    然而，要实现这一愿景，人类必须克服一系列的技术挑战。太空运输、火星着陆、火星生存环境、基础设施建设和食品供应等问题都需要解决。

（1）太空运输：为了将大量的人员、物资和设备从地球安全、高效地运送到火星，SpaceX 正在开发星舰火箭。然而，星舰火箭的研发过程充满了挑战，如发动机的可靠性、结构的强度和热管理等。为了解决这些问题，SpaceX 采用了先进的设计和制造技术，同时进行了大量的测试和验证。

（2）火星着陆：成功降落在火星表面是另一个关键的技术难题。火星的大气层十分稀薄，而且气候条件恶劣，这给着陆过程带来了巨大的风险。为了确保星舰能够安全、准确地降落在火星表面，SpaceX 开发了一种可靠的着陆系统，采用了先进的导航和控制技术。

（3）火星生存环境：火星的环境条件与地球大相径庭，如何保障人类在火星上的生存是另一个重要的技术挑战。为了解决氧气、食物和水的问题，SpaceX 正在研发先进的生命保障系统，通过循环利用和再生技术来满足人类的基本需求。同时，为了保护人类免受火星上恶劣的辐射环境的影响，SpaceX 正在开发新型的防护材料和结构。

（4）基础设施建设：为了在火星上建立一个人类定居点，需要进行大量的基础设施建设，如居住区、能源系统、通信系统和交通系统等。这些基础设施需要在火星的恶劣环境下稳定运行，为人类提供基本的生活和工作条件。为了实现这一目标，SpaceX 采用了模块化和可扩展的设计理念，同时利用了火星上的本地资源来降低建设成本。

（5）食品供应：如何在火星上提供足够的食物是一个关键问题。SpaceX 的解决方案可能包括在火星上种植农作物和利用火星资源进行食品加工。为了实现这一目标，SpaceX 正在研发适用于火星环境的农业技术和食品加工技术，通过循环利用和生物技术的手段来提高食品生产的效率与可持续性。

如果马斯克的火星移民计划成功实现，则将对人类产生深远的影响。这将为人类未来的发展奠定基础。

火星定居点的建立将催生一个全新的经济和商业领域。从太空旅游到资源开采，从科学研究到技术创新，火星将为人类提供无数的新机会和发展空间。这将推动全球经济的增长和创新力量的涌现。

通过在火星上建立人类定居点，人类将实现在地球以外居住和探索的壮举。这将极大地拓展人类文明的边界和影响力，使人类成为一个真正的太空物种。同时，这也将为未来的太空移民和星际旅行打下基础。

通过将部分人类迁移到火星，地球的人口压力和环境负担可以减轻。同时，火星上的科学研究和技术创新也可能为地球的环境保护、资源管理和灾害应对等问题提供新的解决方案与思路。

马斯克的火星移民计划将激发人类对太空探索和冒险的热情。它将鼓励更多的年轻人投身于科技、工程和数学等领域的学习与研究，为人类未来的发展培养更多的创新力量。

17.4

AI 和受控核聚变

探索宇宙离不开先进的宇宙飞船技术，而受控核聚变可以为宇宙飞船提供巨大的能源支持，从而实现更远距离和更长时间的太空探索。其优点如下。

（1）与传统的化学燃料相比，受控核聚变可以提供更高的能量密度，这意味着宇宙飞船可以获得更多的能量，从而完成更远距离的太空任务。

（2）传统的化学燃料在燃烧时会产生大量的废物和热量，这些废物和热量需要进行处理与排放，否则会影响宇宙飞船的正常运行。而受控核聚变作为一种清洁能源的获取形式，废物产生较少，热量也可以得到有效控制，从而为宇宙飞船提供更稳定的能源输出。

（3）传统的核推进技术存在着安全隐患和核废料处理等问题，而受控核聚变作为一种可控的核反应过程，可以更安全、更有效地利用核能，从而为宇宙飞船提供更安全的运行环境。

总之，受控核聚变技术的发展（图 17.4）将为宇宙飞船提供更高效、更稳定、更安全的能源支持，有望推动人类太空探索事业取得更大的进展，而受控核聚变技术的研究和应用也将推动相关领域的技术创新与产业升级。

2022 年，DeepMind 团队在经过 3 年的秘密研发后，宣称首次成功用 AI 控制了核聚变装置托卡马克内部的等离子体，其成果更是被刊登在权威科学期刊 *Nature* 上。这一突破性进展在核聚变领域产生了重大影响，为人类探索清洁能源的未来奠定了基石。

图 17.4　正在建设中的国际核聚变实验反应堆

核聚变是一种清洁、高效的能源获取形式，被誉为"人造太阳"。
DeepMind 团队在核聚变领域的研究取得了重大突破，通过智能体与
FGE 托卡马克模拟器交互，学习控制托卡马克可变配置（Variable
Configuration Tokamak，TCV）。智能体学习的控制策略随后被集
成到 TCV 控制系统中，通过观察 TCV 的磁场测量，来为 19 个磁控线
圈输出控制指令。这种基于强化学习的控制方法为实现精确放电提供了
新的思路，使得控制器能够适应复杂的放电情况，包括高度拉长的等离
子体和雪花等形状。

　　DeepMind 团队在最新的实验模拟中，将等离子体形状精度提高了
65%，同时降低了电流的稳态误差。这一成果基于对智能体架构和训
练过程进行了算法改进，不仅提高了等离子体形状的精度，还缩短了学
习新任务所需的训练时间。它将有助于推动 AI 在能源领域的前沿探索，
为实现能源供应的独立与可持续奠定了基础。

　　核聚变能源的控制需要精确的控制系统。智能体的任务是主动管理
磁控线圈，以控制拉长等离子体的不稳定性，防止破坏性的垂直事件发
生。此外，智能体可以实现对等离子体电流、位置和形状的精确控制，

从而实现热排放和对其能量的精确管理。过去，科学家一直致力于研究等离子体配置变化对这些相关量的影响。传统上，等离子体的精确控制是通过等离子体电流、形状和位置的连续闭环控制实现的。然而，传统控制方法在设计和应用上存在一定挑战，特别是针对新型等离子体的情况。这正是 DeepMind 团队引入强化学习的原因。

在最新的研究中，DeepMind 团队解决了 3 个关键问题：指定一个既可学习又能激发精确控制器性能的标量奖励函数、追踪误差的稳态误差和较长的训练时间。该团队提出了"奖励塑形"的方法，通过向智能体提供明确的错误信号，以及集成错误信号来解决积分器反馈中的稳态误差问题，缩小了经典控制器和强化学习控制器之间的精度差距。在片段分块和迁移学习中，DeepMind 团队解决了生成控制策略所需的训练时间过长的问题，采用多重启动方法使得训练时间大幅缩短。同时，该团队发现在新情境与之前情境相近时，使用现有控制策略进行热启动训练非常有效。这些技术的应用大大缩短了训练时间，提高了准确度，使得强化学习成为等离子体控制的常规可用技术，并为核聚变能源的实现打下了坚实的基础。

总之，DeepMind 团队在核聚变领域的最新成果展示了 AI 在能源领域的巨大潜力。

17.5

走出太阳系

　　走出太阳系，是人类太空探索的下一个目标。但要实现这一目标，我们必须面对一系列的技术挑战。

　　太阳系的边界通常被认为是奥尔特云，这是一个包含大量彗星的巨大云团，距离太阳 3 万 ~20 万天文单位（AU，$1AU \approx 1.5 \times 10^8 km$）。要走出奥尔特云，我们需要开发能够在极端条件下长时间运行的航天器和推进系统。

　　星际距离通常以光年为单位，即使是距离我们最近的恒星（如比邻星）也在 4 光年之外。这意味着我们需要开发速度接近光速的飞船，或者利用某种方法缩短旅行时间。

　　离子推进和核聚变推进是两种有前途的推进技术。离子推进器（图 17.5）通过电离气体并加速离子来产生推力。核聚变推进则利用核聚变反应释放的能量来推动飞船。这两种技术都需要进一步研究和开发才能实现星际旅行。

　　星际飞船的设计与建造是一个巨大的挑战。我们需要开发能够抵御宇宙线、微陨石和极端温度的材料与技术。飞船需要搭载足够的食物、水和其他生活必需品，以及先进的生命保障系统。此外，飞船还需要具备自主导航和通信系统，以便在遥远的星际空间中独立运行。

　　为了在太空中实现自给自足，我们需要设计闭环生态系统，以便使产生的所有废物都被循环利用。此外，我们还需要考虑如何在太空中维持心理健康和社交生活。

图 17.5　建设中的离子推进器原型机

在遥远的星际空间中，通信和导航是至关重要的。我们需要开发能够在极端条件下工作的通信系统，以及精确的导航系统。此外，我们还需要考虑如何解决通信延迟的问题，以便在紧急情况下能够及时做出反应。

为了更好地了解星际空间和目标星球，我们需要开发更强大的探测和成像技术，包括光学望远镜、射电望远镜、红外探测器等。此外，我们还需要开发能够在极端条件下工作的探测器和传感器，以便更好地了解目标星球的环境和条件。

作为走出太阳系的跳板，月球基地和火星移民是两个重要的里程碑。我们可以在月球上建立研究站和资源开采基地，为进一步的太空探索提供经验和资源。同时，火星移民可以为我们提供宝贵的机会来测试和完善长期在太空居住所需的技术与系统。例如：我们可以在火星上建立闭环生态系统，实现食物的自给自足；利用火星的资源制造燃料和建筑材料，以及开展科学研究和技术测试等。这将为我们最终走出太阳系提供重要的指导和经验。

　　小行星采矿是一个具有巨大潜力的领域。我们可以利用机器人或载人飞船对小行星进行探测和资源开采，获取金属、水和燃料等资源。这些资源可以用于支持太空殖民和星际旅行，降低任务成本并提高可行性。例如，我们可以利用小行星上的水制造燃料，或者利用金属制造太空设备。这将为我们走出太阳系提供重要的支持和保障。

　　深空探测是了解太阳系以外的行星和星系的重要手段。我们可以利用无人探测器或载人飞船对遥远的行星和星系进行探测与研究，寻找适合人类居住的星球并拓展人类的视野和知识边界。例如，我们可以探测太阳系以外的行星的大气成分、地表结构和生命迹象等信息，为未来的星际旅行提供重要的指导和依据。同时，行星科学的研究可以为我们了解地球以外的生命形式和宇宙演化提供重要的线索与证据。这将为我们最终走出太阳系提供重要的指导和方向。

　　走出太阳系是人类太空探索的终极目标之一，但要实现这一目标我们需要克服众多的技术挑战和发展障碍。通过持续投入研发、培养人才、加强合作和完善法律框架等措施，相信在不久的将来，我们可以实现星际梦想。

17.6
宇宙中的文明等级

当我们仰望星空，无尽的宇宙展现在眼前，其中隐藏着多少未知的文明？这些文明又达到了怎样的高度？人类在宇宙文明的大舞台上又处于怎样的位置？

下面先来看一下宇宙中的文明等级。

（1）行星文明（Type Ⅰ）。行星文明是最初级的宇宙文明，其主要特征是能够完全利用和掌控本土行星上的所有资源。这样的文明有能力控制和改变行星的气候、地质构造等自然特征，实现资源的最大化利用。以地球为例，如果人类达到了行星文明的等级，则将能够完全掌控地震、火山、风雨雷电等自然现象，甚至改变地球的运行轨道。

（2）恒星文明（Type Ⅱ）。恒星文明是指能够完全利用和掌控其所处恒星体系（包括行星、小行星、彗星等天体）的所有资源的文明。这种文明有能力建造戴森球（图 17.6）等巨型结构来捕获恒星释放的全部能量，或者在其他行星上建立殖民地。以太阳系为例，如果人类达到了恒星文明的等级，则将能够完全掌控太阳的能量输出，或者在其他行星上建立稳定的人类社会。

（3）星系文明（Type Ⅲ）。星系文明是指能够完全利用和掌控整个星系的资源的文明。这种文明有能力在星系范围内进行星际旅行，开发星系内的其他天体系统，甚至改变星系的形态和结构。以银河系为例，如果人类达到了星系文明的等级，则将能够在银河系内自由穿梭，开发其他天体系统，或者改变银河系的形态。

图17.6　想象中的包裹整颗恒星的戴森球

（4）宇宙文明（Type Ⅳ）。宇宙文明是宇宙中最高级的文明，其主要特征是能够完全利用和掌控整个宇宙的资源。这种文明有能力穿越不同的宇宙（如果存在多重宇宙的话），开发和利用其他宇宙中的资源。这种文明的科技水平已经超越了人类的想象，可能已经掌握了宇宙的终极奥秘。

要达到更高级的宇宙文明等级，人类必须不断进行科技研发与创新。我们需要探索新的能源形式，如核聚变、反物质等，以解决地球上的能源危机；需要开发新的推进技术，如离子推进、核聚变推进等，以实现星际旅行；还需要研究宇宙的构成，如暗物质、暗能量等，以揭示宇宙的奥秘。

科技的发展离不开教育与人才的培养。我们需要建立完善的教育体系，培养具有创新精神和实践能力的人才。同时，我们还需要加强国际合作与交流，共同推动人类文明的进步。通过教育与人才培养，我们可以培养更多的科学家、工程师和技术人员，为人类的太空探索和发展提供智力支持。

面对宇宙探索的挑战，人类需要团结一致，共同应对。我们需要加强国际合作与交流，共同分享太空探索的成果和经验。通过国际合作与团结，我们可以集中全球的资源和力量，共同推动人类的太空探索和发展。例如，我们可以合作完成建立月球基地、火星移民等太空项目。

随着太空探索的深入发展，我们需要建立完善的法律法规和道德约束体系。这些法律法规和道德约束体系可以规范人类的太空活动，保护太空环境免受污染和破坏，同时也可以保护各国的太空利益免受侵犯和损害。法律法规和道德约束体系的建立与完善，可以为人类的太空探索和发展提供有力的保障和支持。

面对浩瀚的宇宙和无尽的未知世界，人类需要不断探索和发展才能达到更高级的文明等级。通过科技研发与创新、教育与人才培养、国际合作与团结、法律法规与道德约束体系的建立和完善，我们可以为人类的太空探索和发展提供有力的支持，并为实现人类的星际梦想提供保障。

我们的未来是星辰大海。

参考文献

[1] 霍金. 时间简史: 插图本 [M]. 许明贤, 吴忠超, 译. 长沙: 湖南科学技术出版社, 2010.

[2] 辛格. 大爆炸简史 [M]. 王文浩, 译. 长沙: 湖南科学技术出版社, 2018.

[3] 温伯格. 最初三分钟: 关于宇宙起源的现代观点 [M]. 王丽, 译. 重庆: 重庆大学出版社, 2018.

[4] 麦肯齐. 无言的宇宙: 隐藏在 24 个数学公式背后的故事 [M]. 李永学, 译. 北京: 北京联合出版公司, 2015.

[5] SCOTT A C. The Nonlinear Universe: Chaos, Emergence, Life[M]. Berlin: Springer, 2007.

[6] 布莱森. 万物简史 [M]. 严维明, 陈邕, 译. 北京: 接力出版社, 2005.

[7] 中国科学院理论物理研究所. 从夸克到宇宙: 理论物理的世界 [M]. 北京: 科学出版社, 2018.

[8] 牛顿. 自然哲学的数学原理 [M]. 范明, 注. 上海: 上海译文出版社, 2021.

[9] 爱因斯坦. 相对论: 狭义与广义理论 [M]. 涂泓, 冯承天, 译. 北京: 人民邮电出版社, 2020.

[10] 费曼. 费曼物理学讲义 [M]. 王子辅, 李洪芳, 钟万蘅, 译. 上海: 上海科学技术出版社, 2005.

[11] 阿特金斯. 化学元素周期王国 [M]. 张瑚, 张崇寿, 译. 上海: 上海科学技术出版社, 2012.

[12] 卡尔森. 生理心理学——走进行为神经科学的世界 [M]. 苏彦捷, 译. 9版. 北京: 中国轻工业出版社, 2016.

[13] 承现峻. 神奇的连接组: 你的大脑可以改变 [M]. 孙天齐, 译. 北京: 人民邮电出版社, 2022.

[14] 道金斯 . 自私的基因 [M]. 卢允中，张岱云，陈复加，等，译 . 北京：中信
出版社，2019.

[15] 达尔文 . 物种起源 [M]. 北京：中央编译出版社，2021.

[16] 史密斯 . 数学之源 [M]. 程晓亮，译 . 哈尔滨：哈尔滨工业大学出版社，
2020.

[17] 斯图尔特 . 微积分 [M]. 6 版 . 北京：中国人民大学出版社，2014.

[18] 雷 D C，雷 S R，麦克唐纳 . 线性代数及其应用 [M]. 刘深泉，张万芹，陈
玉珍，等，译 . 北京：机械工业出版社，2018.

[19] 施雨，赵小艳，李耀武，等 . 概率论和数理统计 [M]. 北京：高等教育出版
社，2021.

[20] 外尔 . 对称 [M]. 冯承天，陆继宗，译 . 上海：上海科技教育出版社，2005.

[21] 李政道 . 对称与不对称 [M]. 北京：清华大学出版社，2000.

[22] 霍兰德 . 涌现：从混沌到有序 [M]. 陈禹，方美琪，译 . 杭州：浙江教育出
版社，2022.

[23] BERTSEKAS. 非线性规划 [M]. 3 版 . 北京：清华大学出版社，2018.

[24] 弗登博格，梯若尔 . 博弈论 [M]. 北京：中国人民大学出版社，2015.

[25] 古德费洛，本吉奥，库维尔 . 深度学习 [M]. 赵申剑，黎彧君，符天凡，等
译 . 北京：人民邮电出版社，2021.

[26] 谢诺夫斯基 . 深度学习：智能时代的核心驱动力量 [M]. 姜悦兵，译 . 北京：
中信出版社，2019.

[27] 赫拉利 . 人类简史：从动物到上帝 [M]. 林俊宏，译 . 北京：中信出版社，
2014.

[28] 赫拉利 . 未来简史：从智人到智神 [M]. 林俊宏，译 . 北京：中信出版社，
2017.

[29] 房龙 . 文明简史 [M]. 锦龙，译 . 北京：华文出版社，2019.

[30] 卡尼曼 . 思考，快与慢 [M]. 胡晓姣，李爱民，何梦莹，译 . 北京：中信出

版社，2012.

[31] 侯世达 . 哥德尔、艾舍尔、巴赫——集异璧之大成 [M]. 刘皓明，译 . 北京：
商务印书馆，1997.

[32] 韦斯特 . 规模：复杂世界的简单法则 [M]. 张培，译 . 北京：中信出版社，
2018.

[33] 斯韦因，弗赖伯格 . 硅谷之火：个人计算机的诞生与衰落 [M]. 陈少芸，成
小留，朱少容，译 . 3 版 . 北京：人民邮电出版社，2019.

[34] 奥马拉 . 硅谷密码：科技创新如何重塑美国 [M]. 谢旎劼，译 . 北京：中信
出版社，2022.

[35] 米勒 . 芯片战争：世界最关键技术的争夺战 [M]. 蔡树军，译 . 杭州：浙江
人民出版社，2023.

[36] 雷吉梅克 . 光刻巨人：ASML 崛起之路 [M]. 金捷幡，译 . 北京：人民邮电
出版社，2020.

[37] 万斯 . 硅谷钢铁侠：埃隆 · 马斯克的冒险人生 [M]. 周恒星，译 . 北京：中
信出版社，2016.

[38] 艾萨克森 . 史蒂夫 · 乔布斯传 [M]. 赵灿，译 . 典藏版 . 北京：中信出版社，
2023.

[39] 波斯特洛姆 . 超级智能：路线图、危险性与应对策略 [M]. 张体伟，张玉青，
译 . 北京：中信出版社，2015.

[40] KURZWEIL. 奇点临近：2045 年，当计算机智能超越人类 [M]. 董振华，
李庆诚，田源，译 . 北京：机械工业出版社，2011.

跋

这个世界看上去变化莫测，但其底层的运行规律却极其简单而且优美。

很多看上去大相径庭、毫不相关的事情在本质上有着高度的相似性或相关性。

如果说数学是世界上所有绝对真理的集合，数学可以用来描述一切的规律和变化，那么物理就是我们生活的这个宇宙中满足数学中的一部分规律的子集。而其他学科，如化学、生物，乃至社会学，都是数学和物理的一个子集。所以所有的学科最终都是数学的子集，AI 也不例外。

数学和物理的核心是对对称性的研究。对称性是一个比空间和时间更加基础的概念。对称性也是理解智能最重要的概念。

从某种意义上说，人类并没有发明智能。智能的基础是数学算法，而用来运行 AI 计算的 AI 超算的基础是物理学。换句话说，人类只是发现了智能，并且发明了运行智能的机器。

1995 年的冬天，我在美国艾奥瓦的寒冷冬夜里日以继夜地研究一个学术问题。

我博士研究的课题是无损探伤（Non-Destructive Examination，NDE）中的金属检测的模糊图像恢复问题。这是一个非线性图像处理问题。

涡流（Eddy Current，又称为傅科电流）现象在 1855 年被法国物理学家莱昂·傅科发现，它是由一个移动的磁场与金属导体相交，或是由移动的金属导体与磁场垂直交会所产生的。简而言之，就是它是由电磁感应效应所造成的。这个效应产生了一个在导体内循环的电流。当线圈中的电流随时间变化时，由于电磁感应，附近的另一个线圈中会产生感应电流。涡流可以应用在无损检测与监看多种金属制品的结构等方面，如飞机机身与零件的表面及近表面的检测。

当你用带有变化电流的线圈在金属表面进行扫描的时候，你就会得到一幅二维的图像。然而由于电磁场的积分作用，这幅图像是非常模糊的，跟原始的缺陷差距很大。

我要研究的问题就是如何使用已知的一些条件，比如金属材料的材质、金属物体的原始形状，以及获得的扫描图像来恢复这个缺陷的原始形状。

这个问题的前向求解是相对容易的。利用电磁场的麦克斯韦方程组，如果知道金属部件的材质和形状，用有限元方法就很容易得出扫描出来的图像。

但是要从扫描图像中恢复出缺陷的原始形状却非常困难，这是因为需要逆向求解一个复杂的偏微分方程组，这个逆向过程并不存在解析解并且是病态的，也就是说观察数据的微小变化有可能导致计算结果的巨大变化。这和使用计算手段来预测天气非常类似，使用有限网格上的气象观测数据来预测未来的天气是非常困难的。"蝴蝶效应"就是我们用来描述这类问题中存在的困难的一种典型说法。

在使用神经网络之前，我已经尝试用 Wavelet，也就是小波变换来进行这个病态偏微分方程组的逆转工作，并已经获得了一些不错的成果。

但是神经网络的出现让我对这个问题有了一个新的看法。神经网络在当时还是一个非常冷门的数学工具。简单来说，虽然神经网络的基础结构来源于人脑内部神经元的结构，但其本质上属于一种数学工具，可以用来从大量数据中模拟和近似一个非常复杂的非线性函数，而人类的智能，正好是大量的这种非线性函数的组合。

于是我就用自己编写的前向仿真软件生成了大量的训练数据，并最终训练出了一个效果不错的图像处理神经网络。

这是我第一次接触神经网络，并把它真正地用于研究工作之中。但这时候整个 AI 领域还处在一个很冷的冬天，不像今天 AI 已经被广泛应用于天气预报、蛋白质结构、材料研究等前沿领域。所以我博士毕业的时候并没有选择去从事神经网络算法相关的工作，而是去南加州加入了一家半导体芯片公司。

在 1997 年的夏天，当我以全 A 成绩博士毕业并得到校长接见之后，我从来学校招聘的十几家公司中选出了三家公司去参加现场面试，并且这三家公司都给我提供了工作机会。这三家公司是微软（Microsoft）、SGI（Silicon Graphics），还有在南加州的半导体公司 Rockwell Semiconductor Systems（以下简 Rockwell）。

而我之所以最终选择了做半导体芯片的 Rockwell，不仅仅是因为它当时是全世界最好的通信芯片公司之一，也跟我在大学期间的一个经历有关。

我从小学的时候就非常爱好做航模、无线电装置等课外活动，并且在考上中国科学技术大学少年班以后大部分的课外时间都用于研究各种科技项目。在大二那年，我在少年班的实验室做了一个使用超声波来帮助盲人导航的工具，并且帮助学校获得了当年唯一的挑战杯奖项。也就是在那一年，我看了一个对我人生影响非常大的电影，这个电影就是《终结者》。

在我们对科技还了解非常少的那个年代，这个电影对我的冲击是极其巨大的。从今天倒过去看，可以说这个电影不能叫科幻片，在某种意义上它更像一个预告片。它的剧情大家可能都很了解，就是在 2029 年的时候，AI 统治了世界，并试图通过核战争来消灭全世界所有的人。如今看来，2029 年，甚至在之前，我们就有可能实现真正意义上的 AGI，这种 AI 对人类的生存造成的威胁，确实是真实存在的。

我之所以在毕业以后选择去做半导体芯片，不仅是因为当时 AI 算法还在很早期的阶段，很难有真正的工作成果，也是因为在这个电影的续作里面可以看到是半导体芯片的发展最终决定了 AI 可以诞生。这个电影的剧情是 T-800 机器人的残骸最终被美国国防部的下游承包商赛博坦系统（Cyberdyne Systems）公司回收，以迈尔斯·戴森为首的工程师团队对 T-800 的 CPU 进行逆向研究后，研制出一种革命性的微处理器，而这种微处理器正是"天网"的基础核心。映射到今天，这家公司就是英伟达（NVIDIA）。

而我当时备选的这三家公司其实都跟 AI 有一定的关系。微软是全球最大的操作系统和企业服务软件公司，也通过投资 OpenAI 成为今天最大的 AI 应用和算法公司。SGI 虽然今天已经不存在了，但是它在当时是全世界高性能工作站领域最领先的公司，并且在当时已经收购了全世界最好的巨型计算机公司 Cray，是当时高性能计算领域的绝对王者。而今天如日中天的英伟达在当时还只不过是一家做低端游戏显卡的公司，跟 SGI 在技术上有巨大的差距。

而 Rockwell 不光有半导体部门，也是航天飞机和 GPS 的主要研发者之一，并且拥有全球领先的航空航天导航业务和工作自动化业务。在 1997 年的时候，Rockwell 的互联网接入芯片占据了全球 70% 的市场。

可以看到，这三家公司其实就代表了 AI 最重要的三个领域，也就是芯片、算法和超算系统。

而我今天最主要的工作就是投资这些领域的公司。因此，我们可以看到，人一生的轨迹，其实跟小时候的热爱是有非常大的关系的。所以我们在培养下一代的时候，都是希望孩子能尽快地找到一个兴趣点，能够终身投入和热爱，并且在这个领域做出一些成绩。这对于一个年轻人的成长是非常重要的。

我曾经做过多次 AI 方面的演讲，受到听众的热烈欢迎。但是每次的时间有限，演讲结束后我常常来不及一一解答大家的问题。希望这本书可以回答此前大部分的问题。

我的太太是文科背景，每次我跟她介绍最新的 AI 技术的时候，也觉得有必要把一些背景知识写在一本文科生都可以理解的书里，帮助他们深入理解最先进的 AI 技术。

　　我的女儿目前在读高中一年级，她数学成绩很好，我希望她未来能从事 AI 相关的工作，尤其是 AI 安全方向的。我希望这本书能很好地解释 AI 带来的机遇和风险，对她能有所启示。

　　这本书能诞生，要感谢很多人。首先，我要向我的父母表达最诚挚的谢意，是他们用无私的爱和无尽的耐心，为我铺设了成长的道路，教会我如何面对生活的挑战，如何保持坚韧不拔的精神。他们的教诲与关爱，是我人生中最宝贵的财富，也是我能够持续前行的动力。

　　同样，我要向我的太太和女儿表达我的感激之情。我的太太是我生命中的重要支柱，她的陪伴和支持让我在人生的旅途中更加坚定。而我的女儿为我的生活增添了无尽的欢乐和希望，她的每一个成长阶段都是我生命中的宝贵记忆，也是我创作这本书的灵感来源之一。

　　过去、现在和未来，在此刻相连。

王兵

2024 年 10 月